알기쉬운 삼각함수
Trigonometric Function

김태현 · 저
(명지전문대 전기과 교수)

에듀컨텐츠·휴피아
Educontents·Huepia

에듀컨텐츠·휴피아
Educontents·Huepia

머리말

　제가 2008년 9월 1일 에듀컨텐츠휴피아 출판사의 도움으로 참고문헌 1의 책을 출간한지도 벌써 8년이나 지나버렸습니다.
　참고 문헌 1을 이하 그 책이라고 하겠습니다.
　그 책을 출판해 주신 에듀컨텐츠휴피아 출판사의 임직원 여러분들, 그 책을 보고 제 강의를 들은 학생들, 그 책을 구입해 준 대학도서관 사서분들에게도 감사드립니다.
　2008년부터 2016년까지 그 책을 교재로 '공업 수학'을 강의하면서 느낀 점은 한 권에 너무 많은 주제를 다루다 보니 설명과 문제가 너무 적다는 것이었습니다.
　이 점은 여러 가지 내용에 대해서 간략하게 알고 싶은 독자에게는 유용합니다.
　그러나, 자세한 내용까지 알고 싶은 독자를 위해서 설명과 문제를 좀 더 늘려야겠다는 생각이 들었습니다.
　그래서, 그 책의 주제에 대해서 설명을 자세히 하고 문제를 늘리기로 했습니다.
　문제의 수 뿐만 아니라 종류도 다양화하였습니다.
　그 책에서는 문제가 예제 1가지만 있었으나 본서에서는 다음 3가지로 문제 종류를 늘렸습니다.

1) 계산 문제
　값을 구하는 문제입니다.

2) 증명 문제
　답은 가르쳐주고 답을 구하는 과정을 묻는 문제입니다.
　아주 중요한 공식에 대한 문제입니다.

3) 공식 문제
　공식을 아는지 물어보는 문제입니다.

그런데, 많은 주제의 설명과 문제를 전부 늘리려면 시간이 너무 많이 걸리고 책이 너무 무거워져서 가지고 다니기 힘들므로 1~2가지 주제만으로 여러 권을 출판하려고 합니다.

본서는 그 두 번째로서 그 책의 '6장 삼각함수(trigonometric function)'의 설명과 문제를 대폭적으로 늘렸습니다. 단, '6-14) 역삼각함수'는 조금 어려운 내용이라서 제외하였습니다. 혹시 역삼각함수가 궁금하신 독자께서는 그 책을 보시기 바랍니다.

삼각함수는 다항함수보다 조금 더 어려워서 보통 다항함수 다음에 배우는 함수로서 함수에서 사용되는 빈도가 아주 큽니다.

대학생들과 대학도서관들의 계속적인 관심, 조언을 부탁드립니다.

끝으로, 본 책자의 출간에 도움을 주신 에듀컨텐츠휴피아 임직원 여러분께 감사의 말을 전합니다.

2016년 4월

저자 김태현 씀

목 차

제1장 각(angle)   3

    1-1) 각을 표현하는 2가지 방법
        (two methods to express angle) ■ 4

    1-2) 네 개의 변수(four variables) ■ 10

    1-3) 4사분면(four quadrant) ■ 11

제2장 값(value)   17

    2-1) 피타고라스의 정리(the pythagorean theorem) ■ 18

    2-2) 삼각 함수의 정의(definition of trigonometric function) ■ 23

    2-3) 삼각함수 값의 부호(sign of trigonometric function) ■ 26

    2-4) 4사분면에서 삼각함수의 값
        (values of trigonometric function in four quadrants) ■ 28

    2-5) 삼각 함수의 주기(periods of trigonometric function) ■ 39

제3장 도표(graph)   51

    3-1) 두 평면(two planes) ■ 52

    3-2) 정현 도표(sine graph) ■ 53

    3-3) 여현 도표(cosine graph) ■ 54

    3-4) 삼각형의 닮음(similarity of triangle) ■ 56

3-5) 정접 도표(tangent graph) ■ 57

3-6) 평행 이동(parallel shift) ■ 60

3-7) 최댓값과 최솟값(maximum and minimum) ■ 69

3-8) 각속도, 주기와 주파수

    (angular velocity, period and frequency) ■ 76

제4장 다른 값(another value)   93

4-1) 기본 공식(basic formula) ■ 94

4-2) 정현 값이 주어진 경우(when $\sin\theta$ is given) ■ 97

4-3) 여현 값이 주어진 경우(when $\cos\theta$ is given) ■ 100

4-4) 정접 값이 주어진 경우(when $\tan\theta$ is given) ■ 103

제5장 덧셈 공식과 관련 공식   109

(addition formula and related formula)

5-1) 덧셈 공식(addition formula) ■ 110

5-2) 뺄셈 공식(subtraction formula) ■ 113

5-3) 합성(composition) ■ 118

5-4) 배각 공식(twice formula) ■ 128

5-5) 3배각 공식(three times formula) ■ 133

5-6) 반각 공식(half formula) ■ 137

5-7) 곱을 합, 차로 변환

    (from multiplication to addition or subtraction) ■ 141

5-8) 합, 차를 곱으로 변환

(from addition or subtraction to multiplication) ■ 146

제6장 삼각형(triangle) 　155

6-1) 삼각형의 6요소(six elements of triangle) ■ 156

6-2) 삼각형의 넓이(면적)(area of triangle) ■ 162

6-3) 삼각형의 해법(methods of solving triangle) ■ 165

6-4) 정현 법칙(sine law) ■ 167

6-5) 제2여현 법칙(second cosine law) ■ 175

제7장 삼각방정식(trigonometric equation) 　193

7-1) 두 가지 해 ■ 193

제8장 삼각부등식(trigonometric inequality) 　203

8-1) 정현(sin) ■ 203

8-2) 여현(cos) ■ 206

8-3) 정접(tan) ■ 209

에듀컨텐츠·휴피아
Educontents·Huepia

알기쉬운 삼각함수
Trigonometric Function

김태현 ■ 저
(명지전문대 전기과 교수)

에듀컨텐츠·휴피아
Educontents·Huepia

에듀컨텐츠·휴피아
CH Educontents Huepia

제1장 각(angle) - 본문

<목 차>

1-1) 각을 표현하는 2가지 방법(two methods to express angle)

1-2) 네 개의 변수(four variables)

1-3) 4사분면(four quadrant)

1-1) 각을 표현하는 2가지 방법(two methods to express angle)

　삼각 함수의 독립 변수는 각인데 이를 표현하는 방법으로서 관습적인 60분법과 이론적인 호도법의 2가지가 있다.
　문제에서 2가지 중 어떤 방법으로 줄지는 문제를 내는 사람 마음이며 2가지 다 나름대로의 장점이 있으므로 둘 다 많이 사용된다.
　그러므로 다른 표현 방법으로 바꾸는 방법을 알아야 한다. 즉, 60분법으로 주어진 경우 호도법으로 바꿀 수 있어야 하며 호도법으로 주어진 경우 60분법으로 바꿀 수 있어야 한다.

1-1-1) 60분법
- 평면을 180도로 정하고 그에 대한 비율로서 각의 값을 정하는 방법으로서 이론적인 근거는 없고 관습적으로 사용하는 방법이다.
- [deg] 또는 °(도)로 표시한다.
- $1°$의 1/60을 1'(분), 1'(분)의 1/60을 1''(초)라 한다.

1-1-2) 호도법
- 이론적인 측면의 값이다.
- 반지름의 길이와 호의 크기가 같을 때 1호도(radian)이라 한다.
- [rad]로 표시해도 되고, 아무 것도 안 써도 된다.

1-1-3) 2가지 방법의 관계
- 원주에서 두 가지 방법을 비교하면 관계를 알 수 있다.
- 호도법 : 원주는 반지름의 2π배이다.
- 60분법 : 원주는 360도이다.

- 위 두 식에서 $2\pi[\text{rad}]=360°$ 또는 $\pi[\text{rad}]=180°$
  양변을 2로 나누면 $\pi[\text{rad}]=180°$ 또는 $\pi=180°$

증명 문제 1-1)
$\pi[\text{rad}]=180°$임을 증명하시오.

암시)
원주에서 호도법과 60분법을 비교한 후 2로 나누면 된다.

1-1-4) rad를 deg로 변환

- $\pi[\text{rad}]=180°$의 양변을 π로 나누면 $1[\text{rad}]=\dfrac{180°}{\pi}$

- $x[\text{rad}]=\dfrac{180°}{\pi}x$가 된다.

- 그러므로, $x[\text{rad}]$는 x에 $\dfrac{180°}{\pi}$를 곱한 $\dfrac{180°}{\pi}x$과 같다.

1-1-5) deg를 rad로 변환

- $180°=\pi[\text{rad}]$의 양변을 180으로 나누면 $1°=\dfrac{\pi}{180}[\text{rad}]$

- $y°=\dfrac{\pi}{180}y[\text{rad}]$

- 그러므로, $y°$는

  y에 $\dfrac{\pi}{180}$을 곱한 $\dfrac{\pi}{180}y[\text{rad}]$와 같다.

계산 문제 1-1)
rad로 표현된 각을 deg로 변환
(각이 0보다 크고 π보다 작거나 같은 경우)

다음 표의 빈 칸을 채우시오.

	[rad]	deg
1	$\frac{\pi}{6}$	
2	$\frac{\pi}{4}$	
3	$\frac{\pi}{3}$	
4	$\frac{\pi}{2}$	
5	$\frac{2}{3}\pi$	
6	$\frac{3}{4}\pi$	
7	$\frac{5}{6}\pi$	
8	π	

계산 문제 1-2)
rad로 표현된 각을 deg로 변환
(각이 π보다 크고 2π보다 작거나 같은 경우)

다음 표의 빈 칸을 채우시오.

	[rad]	deg
1	$\frac{7}{6}\pi$	
2	$\frac{5}{4}\pi$	
3	$\frac{4}{3}\pi$	
4	$\frac{3}{2}\pi$	
5	$\frac{5}{3}\pi$	
6	$\frac{7}{4}\pi$	
7	$\frac{11}{6}\pi$	
8	2π	

1-1-5) deg를 rad로 변환

- $180°=\pi$[rad]의 양변을 180으로 나누면 $1°=\frac{\pi}{180}$[rad]

- $y°=\frac{180}{\pi}y$[rad]가 된다.

- 그러므로, $y°$는 y에 $\frac{180}{\pi}$를 곱한 $\frac{180}{\pi}y$[rad]와 같다.

계산 문제 1-3)

deg로 표현된 각을 rad로 변환
(각이 $0°$보다 크고 $180°$보다 작거나 같은 경우)

다음 표의 빈 칸을 채우시오.

	deg	[rad]
1	$30°$	
2	$45°$	
3	$60°$	
4	$90°$	
5	$120°$	
6	$135°$	
7	$150°$	
8	$180°$	

계산 문제 1-4)
deg로 표현된 각을 rad로 변환
(각이 180°보다 크고 360°보다 작거나 같은 경우)

다음 표의 빈 칸을 채우시오.

	deg	[rad]
1	210°	
2	225°	
3	240°	
4	270°	
5	300°	
6	330°	
7	345°	
8	360°	

1-2) 네 개의 변수(four variables)

xy평면에서 점이 주어지면 다음과 같은 네 개의 변수 - x, y, r, θ -를 구할 수 있다.

1-2-1) 반지름 r
원점에서의 거리

1-2-2) 가로축의 값 x
y축에서 오른쪽 또는 왼쪽으로 얼마나 떨어졌는가를 나타낸다.
오른쪽이면 +, 왼쪽이면 -이다.

1-2-3) 세로축의 값 y
x축에서 위쪽 또는 아래쪽으로 얼마나 떨어졌는가를 나타낸다.
위쪽이면 +, 아래쪽이면 -이다.

1-2-4) 각 θ
점과 원점을 연결했을 때 x축의 양의 방향과 이루는 각이다.
각 θ가 삼각 함수의 독립 변수이다.

1-3) 4사분면(four quadrant)

가로축을 x축, 세로축을 y축이라 할 때 x와 y의 부호에 따라 다음 표와 같이 좌표 평면을 4개의 부분으로 나눌 수 있다.
이를 제1사분면, 제2사분면, 제3사분면, 제4사분면이라 한다.

4분면	x	y
제1사분면	+	+
제2사분면	−	+
제3사분면	−	−
제4사분면	+	−

어느 분면에 있느냐에 따라 다음 2가지가 달라진다.
a. 각 θ
b. 삼각 함수 값의 부호

본 장에서는 $0 < \theta < 2\pi$일 때 a. 각 θ를 알아본다.
이는 다음 표에 나와 있다.

4분면	부터	까지
제1사분면	0	$\dfrac{\pi}{2}$
제2사분면	$\dfrac{\pi}{2}$	π
제3사분면	π	$\dfrac{3}{2}\pi$
제4사분면	$\dfrac{3}{2}\pi$	2π

$\dfrac{\pi}{2}$, π, $\dfrac{3}{2}\pi$의 각들은 어느 분면에도 속하지 않는다.

$\theta < 0$ 또는 $2\pi < \theta$일 때
a. 각 θ
b. 삼각 함수 값의 부호
위 2가지는 2장에서 알아보자.

계산 문제 1-5)
[rad]로 표현된 다음 각은 몇 4분면에 속하는지 쓰시오.

1) $\dfrac{\pi}{12}$[rad], $\dfrac{\pi}{6}$[rad], $\dfrac{\pi}{4}$[rad]

   $\dfrac{\pi}{3}$[rad], $\dfrac{5}{12}\pi$[rad]

2) $\dfrac{7}{12}\pi$[rad], $\dfrac{2}{3}\pi$[rad], $\dfrac{3}{4}\pi$[rad]

   $\dfrac{5}{6}\pi$[rad], $\dfrac{11}{12}\pi$[rad]

3) $\dfrac{13}{12}\pi$[rad], $\dfrac{7}{6}\pi$[rad], $\dfrac{5}{4}\pi$[rad]

   $\dfrac{4}{3}\pi$[rad], $\dfrac{17}{12}\pi$[rad]

4) $\dfrac{19}{12}\pi$[rad], $\dfrac{5}{3}\pi$[rad], $\dfrac{7}{4}\pi$[rad]

   $\dfrac{11}{6}\pi$[rad], $\dfrac{23}{12}\pi$[rad

제1장 각(angle) - 공식 문제

공식 문제 1-1)
다음은 각을 표현하는 방법
a. 60분법
b. 호도법
a.와 b. 중 하나이다. 무엇인지 쓰시오.

1) 평면을 180도로 정하고 그에 대한 비율로서 각의 값을 정하는 방법
2) 관습적으로 사용하는 방법
3) [deg] 또는 °(도)로 표시하는 방법
4) 이론적인 방법
5) 반지름의 길이와 호의 크기가 같을 때 1호도(radian)라 하는 방법
6) [rad] 또는 단위를 쓰지 않는 방법

공식 문제 1-2)
1°의 1/60을 무엇이라 하나?

공식 문제 1-3)
1′(분)의 1/60을 무엇이라 하나?

공식 문제 1-4)
rad → deg
호도법을 180분법으로 바꿀 때 얼마를 곱하면 되나?

공식 문제 1-5)

deg → rad

180분법을 호도법으로 바꿀 때 얼마를 곱하면 되나?

공식 문제 1-6)

다음 값들은

a.　　반지름 r
b.　　가로축의 값 x
c.　　세로축의 값 y
d.　　각 θ

중 하나이다. 무엇인지 쓰시오.

1)　　원점에서의 거리
2)　　y축에서 오른쪽 또는 왼쪽으로 얼마나 떨어졌는가를 나타내는 값
3)　　원점에서 오른쪽이면 +, 왼쪽이면 -인 값
4)　　x축에서 위쪽 또는 아래쪽으로 얼마나 떨어졌는가를 나타내는 값
5)　　원점에서 위쪽이면 +, 아래쪽이면 -인 값
6)　　점과 원점을 연결했을 때 x축의 양의 방향과 이루는 값
7)　　삼각 함수의 독립 변수

공식 문제 1-7)
다음 4분면에서 x, y의 부호를 +와 - 중에서 쓰시오.

4분면	x	y
제1사분면		
제2사분면		
제3사분면		
제4사분면		

공식 문제 1-8)
0부터 2π까지의 각을 대상으로 할 때 빈 칸에 해당되는 각을 쓰시오.

4분면	부터	까지
제1사분면		
제2사분면		
제3사분면		
제4사분면		

공식 문제 1-9)
$0 < \theta < 2\pi$일 때 어느 분면에도 속하지 않는 값 θ는 3개 있다.
무엇인지 쓰시오.

에듀컨텐츠·휴피아

제2장 값(value) - 본문

<목 차>

2-1) 피타고라스의 정리(the pythagorean theorem)

2-2) 삼각 함수의 정의(definition of trigonometric function)

2-3) 삼각함수 값의 부호(sign of trigonometric function)

2-4) 4사분면에서 삼각함수의 값
      (values of trigonometric function in four quadrants)

2-5) 삼각 함수의 주기(periods of trigonometric function)

2-1) 피타고라스의 정리(theorem of phytagoras)

2-1-1) 3가지 종류의 삼각형
삼각형의 최대각의 크기에 따라서 삼각형을 다음과 같이 3가지로 나눌 수 있다.

2-1-1-1) 직각 삼각형
삼각형의 최대각이 $\frac{\pi}{2}$인 경우

2-1-1-2) 둔각 삼각형
삼각형의 최대각이 $\frac{\pi}{2}$보다 큰 경우

2-1-1-3) 예각 삼각형
삼각형의 최대각이 $\frac{\pi}{2}$보다 작은 경우

2-1-2) 피타고라스의 정리
직각 삼각형에서 빗변의 길이의 제곱은 다른 두 변의 길이의 제곱의 합과 같다.
빗변은 직각과 마주 보는 변으로서 삼각형에서 세 변의 길이 중 제일 길다.
빗변의 길이가 r이고 나머지 두 변의 길이가 x와 y이라면 다음과 같이 된다.
$x^2 + y^2 = r^2$
피타고라스의 정리를 이용하면 직각 삼각형에서 두 변의 길이를 알 때 다른 변의 길이를 구할 수 있다.

계산 문제 2-1)
직각삼각형에서 빗변이 아닌 삼각형의 길이가 다음과 같을 때, 빗변의 길이는 얼마인가?
1) 3과 4
2) 6과 8
3) 5와 12
4) 8과 15

계산 문제 2-2)
직각삼각형에서 빗변이 아닌 삼각형의 길이가 다음과 같을 때, 빗변의 길이는 얼마인가?
1) 1과 1
2) 1과 2
3) 1과 3
4) 1과 4
5) 1과 5
6) 2와 2
7) 2와 3
8) 2와 4
9) 2와 5
10) 3과 3
11) 3과 4
12) 3과 5
13) 4와 4
14) 4와 5

계산 문제 2-3)
직각삼각형에서 빗변과 한 변의 길이가 다음과 같을 때, 나머지 한 변의 길이는 얼마인가?
 1)   빗변이 2이고 한 변이 1
 2)   빗변이 3이고 한 변이 1
 3)   빗변이 4이고 한 변이 1
 4)   빗변이 5이고 한 변이 1
 5)   빗변이 6이고 한 변이 1
 6)   빗변이 3이고 한 변이 2
 7)   빗변이 4이고 한 변이 2
 8)   빗변이 5이고 한 변이 2
 9)   빗변이 6이고 한 변이 2
 10) 빗변이 4이고 한 변이 3
 11) 빗변이 5이고 한 변이 3
 12) 빗변이 6이고 한 변이 3
 13) 빗변이 5이고 한 변이 4
 14) 빗변이 6이고 한 변이 4
 15) 빗변이 6이고 한 변이 5

2-1-3) 정수값을 구하는 방법
피타고라스의 정리에서 x, y, r이 전부 정수인 경우를 구하는 방법을 알아 보자.

$(m^2-n^2)^2 + (2mn)^2 = (m^2+n^2)^2$ 이므로 $x = m^2 - n^2$, $y = 2mn$, $r = m^2 + n^2$

m, n은 자연수이고 $m > n$일 때 위 식에 의해서 x, y, r이 전부 정수인 값을 구할 수 있다.

$m > n$이 필요한 이유는 x의 값이 0보다 커야 하기 때문이다.

증명 문제 2-1)
삼각형의 세 변의 길이 x, y, r이 다음과 같을 때 이 삼각형이 직각삼각형임을 증명하시오.
$x = m^2 - n^2$, $y = 2mn$, $r = m^2 + n^2$

계산 문제 2-4)
$x = m^2 - n^2$, $y = 2mn$, $r = m^2 + n^2$에 다음 값들을 대입하여 x, y, r의 값을 구하시오.

1) $m = 2, n = 1$
2) $m = 3, n = 1$
3) $m = 3, n = 2$
4) $m = 4, n = 1$
5) $m = 4, n = 2$
6) $m = 4, n = 3$
7) $m = 5, n = 1$
8) $m = 5, n = 2$
9) $m = 5, n = 3$
10) $m = 5, n = 4$
11) $m = 6, n = 1$
12) $m = 6, n = 2$
13) $m = 6, n = 3$
14) $m = 6, n = 4$

2-1-4) 피타고라스의 정리의 응용
삼각형의 세 변의 길이가 x, y, r이고 이 중 제일 큰 값이 r이라고 하면 $x^2 + y^2$과 r^2의 대소를 비교함으로서 이 삼각형이 둔각삼각형인지 예각 삼각형인지 알 수 있다.

2-1-4-1) 둔각 삼각형

$x^2+y^2 < r^2$인 경우 둔각 삼각형이 된다.

2-1-4-2) 예각 삼각형

$x^2+y^2 > r^2$인 경우 예각 삼각형이 된다.

계산 문제 2-5)

삼각형의 세 변의 길이가 다음과 같을 때 이 삼각형은 (1)~(3) 중 어디에 속하는가?
(1) 직각 삼각형
(2) 둔각 삼각형
(3) 예각 삼각형

1)   2, 3, 4
2)   2, 4, 5
3)   2, 5, 6
4)   2, 6, 7
5)   3, 4, 5
6)   3, 4, 6
7)   3, 5, 6
8)   3, 5, 7
9)   4, 5, 6
10) 4, 5, 7
11) 4, 5, 8
12) 4, 6, 7
13) 4, 6, 8
14) 4, 6, 9

2-2) 삼각함수의 정의(definition of trigonometric function)

평면에서 가로축을 x축, 세로축을 y축, 원점과의 거리를 r이라 할 때 위 세 값 중 2개의 비를 삼각함수라 한다.

2-2-1) 세 가지 값

2-2-1-1) 원점과의 거리
$r > 0$이다.

2-2-1-2) 가로축 값
x좌표라고도 하며 $-r \leq x \leq r$이다.

2-2-1-3) 세로축 값
y좌표라고도 하며 $-r \leq y \leq r$이다.

2-2-2) 독립 변수 θ
원점을 O, 점(x, y)를 P라 하면 x축 양의 방향과 반직선 OP가 이루는 각이 독립 변수 θ이다.
시계 반대 방향이 양의 값이고, 시계 방향이 음의 값이다.

2-2-3) 6개의 삼각 함수

2-2-3-1) 정연(사인:sine) 함수
$\sin\theta = \dfrac{y}{r}$

2-2-3-2) 여현(코사인:cosine) 함수

$$\cos\theta = \frac{x}{r}$$

2-2-3-3) 정접(탄젠트:tangent) 함수

$$\tan\theta = \frac{y}{x}$$

위 3개의 함수의 역수는 다음과 같이 새로운 삼각 함수가 된다.

2-2-3-4) 정할(코시컨트:cosecant) 함수

$$\csc\theta = \frac{1}{\sin\theta} = \frac{r}{y}$$

2-2-3-5) 여할(시컨트:secant) 함수

$$\sec\theta = \frac{1}{\cos\theta} = \frac{r}{x}$$

2-2-3-6) 여접(코탄젠트:cotangent) 함수

$$\cot\theta = \frac{1}{\tan\theta} = \frac{x}{y}$$

사용 빈도는 sin, cos, tan을 csc, sec, cot보다 훨씬 많이 사용한다.

계산 문제 2-6)
가로축의 값 x와 세로축의 값 y가 다음과 같을 때 삼각 함수 $\sin, \cos, \tan, \csc, \sec, \cot$의 값을 구하시오.

암시)
원점과의 거리 r의 값을 먼저 구한 후에 삼각함수의 값을 구하는 것이 편리하다.

1) $x=1, \ y=2$
2) $x=1, \ y=-2$
3) $x=-1, y=2$
4) $x=-1, y=-2$
5) $x=3, \ y=4$
6) $x=3, \ y=-4$
7) $x=-3, y=4$
8) $x=-3, y=-4$

계산 문제 2-7)

좌표 평면에서 가로축의 값 x와 원점과의 거리 r이 다음과 같을 때 삼각 함수 $\sin, \cos, \tan, \csc, \sec, \cot$의 값을 구하시오.

암시)

세로축의 값 y를 먼저 구한 후에 삼각함수의 값을 구하는 것이 편리하다.

1) $x=1, \ r=2$
2) $x=-1, r=2$
3) $x=3, \ r=4$
4) $x=-3, r=4$
5) $x=5, \ r=6$
6) $x=-5, r=6$
7) $x=7, \ r=8$
8) $x=-7, r=8$

계산 문제 2-8)

좌표 평면에서 세로축의 값 y와 원점과의 거리 r이 다음과 같을 때 삼각 함수 $\sin, \cos, \tan, \csc, \sec, \cot$의 값을 구하시오.

암시)
가로축의 값 x를 먼저 구한 후에 삼각함수의 값을 구하는 것이 편리하다.

1) $y=1,\ r=2$
2) $y=-1, r=2$
3) $y=3,\ r=4$
4) $y=-3, r=4$
5) $y=5,\ r=6$
6) $y=-5, r=6$
7) $y=7,\ r=8$
8) $y=-7, r=8$

2-3) 삼각함수 값의 부호(sign of trigonometric function)

일반각이 어느 분면에 있느냐에 따라 x, y의 부호가 달라지고, x, y의 부호에 따라 삼각함수 값의 부호가 달라진다.

r의 값은 항상 0보다 크므로, 삼각함수 값의 부호에 전혀 영향을 끼치지 않는다.

2-3-1) sin과 csc

$\sin\theta = \dfrac{y}{r},\ \csc\theta = \dfrac{r}{y}$ 이므로 $\sin\theta$와 $\csc\theta$의 부호는 y의 부호와 같다.

2-3-2) cos와 sec

$\cos\theta = \dfrac{x}{r},\ \sec\theta = \dfrac{r}{x}$ 이므로 $\cos\theta$와 $\sec\theta$의 부호는 x의 부호와 같다.

2-3-3) tan과 cot

$\tan\theta = \dfrac{y}{x}$, $\cot\theta = \dfrac{x}{y}$ 이므로 $\tan\theta$와 $\cot\theta$의 부호는 $\dfrac{x}{y}$의 부호와 같다.

앞의 내용을 정리하면 다음 표와 같다.

사분면	x	y	부호 hug	y sin csc	x cos sec	xy tan cot
1	+	+	얼	+	+	+
2	−	+	싸	+	−	−
3	−	−	안	−	−	+
4	+	−	고	−	+	−

계산 문제 2-9)

세 가지 삼각 함수 (sin, cos, tan) 값의 부호가 다음과 같으면 몇 4분면인가?

1) 모두 +
2) sin만 +이고 나머지는 −
3) tan만 +이고 나머지는 −
4) cos만 +이고 나머지는 −

계산 문제 2-10)
다음 표의 빈칸을 + 또는 -로 채우시오.

사분면	x	y	부호 hug	y sin csc	x cos sec	xy tan cot
1			얼			
2			싸			
3			안			
4			고			

2-4) 4사분면에서 삼각함수의 값
(values of trigonometric function in four quadrants)

2-4-1) 본 절에서 구하는 값

본 절에서는 삼각함수의 각이 특수각 - $\frac{\pi}{6}$, $\frac{\pi}{4}$, $\frac{\pi}{3}$ -을 가질 때와 위 특수각에 $\frac{n}{2}\pi$를 더한 값을 가질 때 삼각함수들의 값을 알아본다.
(위에서 n이 정수)

삼각함수는 주기 함수이므로 각이 $-\frac{\pi}{2}$보다 크고 $\frac{3}{2}\pi$보다 작은 경우만을 생각한다.

2-4-1-1) 1사분면

각이 $\frac{\pi}{6}$, $\frac{\pi}{4}$, $\frac{\pi}{3}$일 때

2-4-1-2) 2사분면

각이 1사분면의 값들에 $\frac{\pi}{2}$를 더한 값일 때

각이 $\frac{2}{3}\pi$, $\frac{3}{4}\pi$, $\frac{5}{6}\pi$일 때

2-2-1-3) 3사분면

각이 1사분면의 값들에 π를 더한 값일 때

각이 $\frac{7}{6}\pi$, $\frac{5}{4}\pi$, $\frac{4}{3}\pi$일 때

2-2-1-4) 4사분면

각이 1사분면의 값들에 $\frac{\pi}{2}$를 뺀 값일 때

각이 $-\frac{\pi}{3}$, $-\frac{\pi}{4}$, $-\frac{\pi}{6}$일 때

계산 문제 2-11)
다음은 본 절에서 계산하는 각들이다. 각들을 쓰시오.

1사분면은 각이 $\frac{\pi}{6}$, $\frac{\pi}{4}$, $\frac{\pi}{3}$일 때를 계산한다.

1) 2사분면의 각 3개
2) 3사분면의 각 3개
3) 4사분면의 각 3개

2-4-2) 1사분면에서의 삼각함수 값

본 절에서는 각이 $\frac{\pi}{6}$, $\frac{\pi}{4}$, $\frac{\pi}{3}$ 일 때를 계산한다.

두 가지로 나눌 수 있다.

두 가지 모두 피타고라스의 정리를 이용하면 된다.

a. 각이 $\frac{\pi}{4}$ 일 때는 정4각형

b. 각이 $\frac{\pi}{6}$ 일 때와 $\frac{\pi}{3}$ 일 때는 정3각형

계산 문제 2-12)

각이 $\frac{\pi}{4}$ 일 때의 삼각함수의 값

정4각형에서 한 변의 길이가 1일 때 다음을 구하시오.

1) 대각선의 길이

2) $\sin\frac{\pi}{4}$

3) $\cos\frac{\pi}{4}$

4) $\tan\frac{\pi}{4}$

계산 문제 2-13)

각이 $\frac{\pi}{6}$ 일 때와 $\frac{\pi}{3}$ 일 때의 삼각함수의 값

정3각형에서 한 변의 길이가 2일 때 다음을 구하시오.

1) 한 각의 크기

2) 한 변의 중점에서 마주 보는 꼭지점까지의 길이

3) $\sin\dfrac{\pi}{6}$

4) $\cos\dfrac{\pi}{6}$

5) $\tan\dfrac{\pi}{6}$

6) $\sin\dfrac{\pi}{3}$

7) $\cos\dfrac{\pi}{3}$

8) $\tan\dfrac{\pi}{3}$

계산 문제 2-12)와 계산 문제 2-13)의 결과를 종합하면 다음 표와 같다.

60분법	호도법	sin	cos	tan
30°	$\dfrac{\pi}{6}$	$\dfrac{1}{2}=0.5$	$\dfrac{\sqrt{3}}{2}$	$\dfrac{1}{\sqrt{3}}=\dfrac{\sqrt{3}}{3}$
45°	$\dfrac{\pi}{4}$	$\dfrac{1}{\sqrt{2}}=\dfrac{\sqrt{2}}{2}$	$\dfrac{1}{\sqrt{2}}=\dfrac{\sqrt{2}}{2}$	1
60°	$\dfrac{\pi}{3}$	$\dfrac{\sqrt{3}}{2}$	$\dfrac{1}{2}=0.5$	$\sqrt{3}$

계산 문제 2-14)
계산 문제 2-12~13)의 결과를 종합하여 다음 표의 빈칸을 채우시오.

60분법	호도법	sin	cos	tan
30°	$\dfrac{\pi}{6}$			
45°	$\dfrac{\pi}{4}$			
60°	$\dfrac{\pi}{3}$			

계산 문제 2-15)
다음 값을 계산하시오.

1) $\csc\dfrac{\pi}{6}$

2) $\sec\dfrac{\pi}{6}$

3) $\cot\dfrac{\pi}{6}$

4) $\csc\dfrac{\pi}{4}$

5) $\sec\dfrac{\pi}{4}$

6) $\cot\dfrac{\pi}{4}$

7) $\csc\dfrac{\pi}{3}$

8) $\sec\dfrac{\pi}{3}$

9) $\cot\dfrac{\pi}{3}$

2-4-3) 보각 공식

다음을 보각 공식이라 한다.

a. $\sin(\pi-\theta)=\sin\theta$
b. $\cos(\pi-\theta)=-\cos\theta$
c. $\tan(\pi-\theta)=-\tan\theta$

이 공식에 의해서 2사분면의 각 $\pi-\theta$를 1사분면의 각 θ로 바꿀 수 있다.

2-4-4) 2사분면에서의 삼각함수 값

각이 1사분면의 값들에 $\dfrac{\pi}{2}$를 더한 값일 때 각이 $\dfrac{2}{3}\pi$, $\dfrac{3}{4}\pi$, $\dfrac{5}{6}\pi$일 때를 알아 보자.

2-4-3) 보각 공식을 이용해서 2사분면의 각 $\pi-\theta$를 1사분면의 각 θ로 바꾸어 계산하면 된다.

계산 문제 2-16)

$\sin(\pi-\theta)=\sin\theta$ 공식을 이용하여 다음 값을 구하시오.
θ는 얼마를 대입하면 되나?

1) $\sin\dfrac{2}{3}\pi$

2) $\sin\dfrac{3}{4}\pi$

3) $\sin\dfrac{5}{6}\pi$

계산 문제 2-17)

$\cos(\pi-\theta)=-\cos\theta$ 공식을 이용하여 다음 값을 구하시오.
θ는 얼마를 대입하면 되나?

1) $\cos\dfrac{2}{3}\pi$

2) $\cos\dfrac{3}{4}\pi$

3) $\cos\dfrac{5}{6}\pi$

계산 문제 2-18)

$\tan(\pi-\theta)=-\tan\theta$ 공식을 이용하여 다음 값을 구하시오.
θ는 얼마를 대입하면 되나?

1) $\tan\dfrac{2}{3}\pi$

2) $\tan\dfrac{3}{4}\pi$

3) $\tan\dfrac{5}{6}\pi$

계산 문제 2-19)

계산 문제 2-16~18)의 결과를 종합하여 다음 표의 빈 칸을 채우시오.

60분법	호도법	sin	cos	tan
120°	$\frac{2}{3}\pi$			
135°	$\frac{3}{4}\pi$			
150°	$\frac{5}{6}\pi$			

2-4-5) +pi 공식

다음 공식을 본서에서는 +pi 공식이라고 부르기로 한다.

a. $\sin(\pi+\theta) = -\sin\theta$
b. $\cos(\pi+\theta) = -\cos\theta$
c. $\tan(\pi+\theta) = \tan\theta$

2-4-6) 3사분면에서의 삼각함수 값

각이 1사분면의 값들에 π를 더한 값일 때 각이 $\frac{7}{6}\pi$, $\frac{5}{4}\pi$, $\frac{4}{3}\pi$일 때를 알아 보자.

2-4-5) +pi 공식을 이용해서 3사분면의 각 $\pi+\theta$를 1사분면의 각 θ로 바꾸어 계산하면 된다.

계산 문제 2-20)

$\sin(\pi+\theta) = -\sin\theta$ 공식을 이용하여 다음 값을 구하시오.
θ는 얼마를 대입하면 되나?

1) $\quad \sin\dfrac{7}{6}\pi$

2) $\quad \sin\dfrac{5}{4}\pi$

3) $\quad \sin\dfrac{4}{3}\pi$

계산 문제 2-21)

$\cos(\pi+\theta) = -\cos\theta$ 공식을 이용하여 다음 값을 구하시오.
θ는 얼마를 대입하면 되나?

1) $\quad \cos\dfrac{7}{6}\pi$

2) $\quad \cos\dfrac{5}{4}\pi$

3) $\quad \cos\dfrac{4}{3}\pi$

계산 문제 2-22)

$\tan(\pi+\theta) = \tan\theta$ 공식을 이용하여 다음 값을 구하시오.
θ는 얼마를 대입하면 되나?

1) $\quad \tan\dfrac{7}{6}\pi$

2) $\quad \tan\dfrac{5}{4}\pi$

3) $\quad \tan\dfrac{4}{3}\pi$

계산 문제 2-23)

계산 문제 2-20~22)의 결과를 종합하여 다음 표의 빈 칸을 채우시오.

60분법	호도법	sin	cos	tan
210°	$\frac{7}{6}\pi$			
225°	$\frac{5}{4}\pi$			
240°	$\frac{4}{3}\pi$			

2-4-7) 우함수와 기함수

각이 음수 $-\theta$일 때는 우함수와 기함수의 성질을 이용하여 각을 양수 θ로 바꿀 수 있다.

sin과 tan는 기함수이고 cos는 우함수이다.

a. $\sin(-\theta) = -\sin\theta$
b. $\cos(-\theta) = \cos\theta$
c. $\tan(-\theta) = -\tan\theta$

$-\theta$가 4분면의 각일 때 위 식들에 의해서 θ 즉 1사분면의 각으로 바꾸어 계산할 수 있다.

2-4-8) 4사분면에서의 삼각함수값

각이 1사분면의 값들에 $\frac{\pi}{2}$를 뺀 값일 때 각이 $-\frac{\pi}{3}, -\frac{\pi}{4}, -\frac{\pi}{6}$일 때를 알아 보자.

2-4-7) 기함수와 우함수의 성질을 이용해서 4사분면의 각 $-\theta$를 1사분면의 각 θ로 바꾸면 된다.

계산 문제 2-24)
$\sin(-\theta) = -\sin\theta$ 공식을 이용하여 다음 값을 구하시오.
θ는 얼마를 대입하면 되나?

1) $\sin\left(-\dfrac{\pi}{6}\right)$

2) $\sin\left(-\dfrac{\pi}{4}\right)$

3) $\sin\left(-\dfrac{\pi}{3}\right)$

계산 문제 2-25)
$\cos(-\theta) = \cos\theta$ 공식을 이용하여 다음 값을 구하시오.
θ는 얼마를 대입하면 되나?

1) $\cos\left(-\dfrac{\pi}{6}\right)$

2) $\cos\left(-\dfrac{\pi}{4}\right)$

3) $\cos\left(-\dfrac{\pi}{3}\right)$

계산 문제 2-26)
$\tan(-\theta) = -\tan\theta$ 공식을 이용하여 다음 값을 구하시오.
θ는 얼마를 대입하면 되나?

1) $\tan\left(-\dfrac{\pi}{6}\right)$

2) $\tan\left(-\dfrac{\pi}{4}\right)$

3) $\tan\left(-\dfrac{\pi}{3}\right)$

계산 문제 2-27)
계산 문제 2-18~20)의 결과를 종합하여 다음 표의 빈 칸을 채우시오.

60분법	호도법	sin	cos	tan
$-30°$	$-\dfrac{\pi}{6}$			
$-45°$	$-\dfrac{\pi}{4}$			
$-60°$	$-\dfrac{\pi}{3}$			

2-5) 삼각 함수의 주기(periods of trigonometric function)

2-5-1) 주기 함수의 정의
함수 $f(t)$가 $f(t)=f(t+T)$를 만족할 때 윗 식을 만족하는 가장 작은 양의 값 T를 주기라 하고 $f(t)$를 주기가 T인 주기 함수라 한다.

2-5-2) 삼각 함수의 주기

2-5-2-1) $\sin\theta$와 $\cos\theta$
주기가 2π이다.

2-5-2-2) $\tan\theta$
주기가 π이다.

계산 문제 2-28)

sin

(각이 2π보다 크고 3π보다 작거나 같은 경우)

sin이 주기 함수임을 이용해서 다음 $\theta_1 (0 < \theta_1 < 2\pi)$의 값을 구하시오.

1) $\quad \sin\dfrac{13}{6}\pi = \sin\theta_1$

2) $\quad \sin\dfrac{9}{4}\pi = \sin\theta_1$

3) $\quad \sin\dfrac{7}{3}\pi = \sin\theta_1$

4) $\quad \sin\dfrac{5}{2}\pi = \sin\theta_1$

5) $\quad \sin\dfrac{8}{3}\pi = \sin\theta_1$

6) $\quad \sin\dfrac{11}{4}\pi = \sin\theta_1$

7) $\quad \sin\dfrac{11}{6}\pi = \sin\theta_1$

8) $\quad \sin 3\pi = \sin\theta_1$

계산 문제 2-29)

sin

(각이 3π보다 크고 4π보다 작거나 같은 경우)

sin이 주기 함수임을 이용해서 다음 $\theta_3 (0 < \theta_3 < 2\pi)$의 값을 구하시오.

1) $\quad \sin\dfrac{19}{6}\pi = \sin\theta_3$

2) $\quad \sin\dfrac{13}{4}\pi = \sin\theta_3$

3) $\sin\dfrac{10}{3}\pi = \sin\theta_3$

4) $\sin\dfrac{7}{2}\pi = \sin\theta_3$

5) $\sin\dfrac{11}{3}\pi = \sin\theta_3$

6) $\sin\dfrac{15}{4}\pi = \sin\theta_3$

7) $\sin\dfrac{23}{6}\pi = \sin\theta_3$

8) $\sin 4\pi = \sin\theta_3$

계산 문제 2-30)

cos

(각이 2π보다 크고 3π보다 작거나 같은 경우)

cos이 주기 함수임을 이용해서 다음 $\theta_2(0 < \theta_2 < 2\pi)$의 값을 구하시오.

1) $\cos\dfrac{13}{6}\pi = \cos\theta_2$

2) $\cos\dfrac{9}{4}\pi = \cos\theta_2$

3) $\cos\dfrac{7}{3}\pi = \cos\theta_2$

4) $\cos\dfrac{5}{2}\pi = \cos\theta_2$

5) $\cos\dfrac{8}{3}\pi = \cos\theta_2$

6) $\cos\dfrac{11}{4}\pi = \cos\theta_2$

7) $\cos\dfrac{11}{6}\pi = \cos\theta_2$

8) $\cos 3\pi = \cos\theta_2$

계산 문제 2-31)

cos

(각이 3π보다 크고 4π보다 작거나 같은 경우)

cos이 주기 함수임을 이용해서 다음 $\theta_4(0 < \theta_4 < 2\pi)$의 값을 구하시오.

1) $\cos\dfrac{19}{6}\pi = \cos\theta_4$

2) $\cos\dfrac{13}{4}\pi = \cos\theta_4$

3) $\cos\dfrac{10}{3}\pi = \cos\theta_4$

4) $\cos\dfrac{7}{2}\pi = \cos\theta_4$

5) $\cos\dfrac{11}{3}\pi = \cos\theta_4$

6) $\cos\dfrac{15}{4}\pi = \cos\theta_4$

7) $\cos\dfrac{23}{6}\pi = \cos\theta_4$

8) $\cos 4\pi = \cos\theta_4$

계산 문제 2-32)

tan

(각이 2π보다 크고 3π보다 작거나 같은 경우)

tan이 주기 함수임을 이용해서 다음 $\theta_5 (0 < \theta_5 < 2\pi)$의 값을 구하시오.

1) $\tan \dfrac{13}{6}\pi = \tan \theta_5$

2) $\tan \dfrac{9}{4}\pi = \tan \theta_5$

3) $\tan \dfrac{7}{3}\pi = \tan \theta_5$

4) $\tan \dfrac{5}{2}\pi = \tan \theta_5$

5) $\tan \dfrac{8}{3}\pi = \tan \theta_5$

6) $\tan \dfrac{11}{4}\pi = \tan \theta_5$

7) $\tan \dfrac{11}{6}\pi = \tan \theta_5$

계산 문제 2-33)

tan
(각이 3π보다 크고 4π보다 작거나 같은 경우)

tan이 주기 함수임을 이용해서 다음 $\theta_3 (0 < \theta_3 < 2\pi)$의 값을 구하시오.

1) $\tan \dfrac{19}{6}\pi = \tan \theta_3$

2) $\tan \dfrac{13}{4}\pi = \tan \theta_3$

3) $\tan \dfrac{10}{3}\pi = \tan \theta_3$

4) $\tan \dfrac{7}{2}\pi = \tan \theta_3$

5) $\tan\dfrac{11}{3}\pi = \tan\theta_3$

6) $\tan\dfrac{15}{4}\pi = \tan\theta_3$

7) $\tan\dfrac{23}{6}\pi = \tan\theta_3$

8) $\tan 4\pi = \tan\theta_3$

제2장 값(value) - 공식 문제

공식 문제 2-1)
삼각형의 최대각이 크기에 따라 다음과 같이 나눌 수 있다.
다음을 무슨 삼각형이라고 하나?

1)   최대각이 $\frac{\pi}{2}$인 경우

2)   최대각이 $\frac{\pi}{2}$보다 큰 경우

3)   최대각이 $\frac{\pi}{2}$보다 작은 경우

공식 문제 2-2)
어떤 삼각형의 세 변의 길이가 x, y, r이고 이 중 제일 큰 값이 r이라고 할 때 $x^2 + y^2$과 r^2의 대소 관계는 다음 경우 어떻게 되는지 등호(=) 또는 부등호(<, >)를 쓰시오.

1)   직각 삼각형
$x^2 + y^2 \qquad r^2$
2)   둔각 삼각형
$x^2 + y^2 \qquad r^2$
3)   예각 삼각형
$x^2 + y^2 \qquad r^2$

공식 문제 2-3)
삼각 함수는 6가지 있다. 독립 변수가 θ일 때 무엇인지 쓰시오.
1)
2)
3)
4)
5)
6)

공식 문제 2-4)
삼각 함수는 6가지 있다. 다음 한글을 영어로 무엇이라 하는가?
1)   정현
2)   여현
3)   정접
4)   정할
5)   여할
6)   여접

공식 문제 2-5)
좌표평면에서 반지름을 r, 가로축의 길이를 x, 세로축의 길이를 y라 할 때 다음은 어떤 삼각 함수인가?

1) $\dfrac{y}{r}$

2) $\dfrac{x}{r}$

3) $\dfrac{y}{x}$

4) $\dfrac{r}{y}$

5) $\dfrac{r}{x}$

6) $\dfrac{x}{y}$

공식 문제 2-6)
평면에서
i)   가로축을 x
ii)   세로축을 y축,
iii)   원점과의 거리를 r

이라 할 때, 위 세 값 중 2개의 비를 삼각함수라 한다.
다음 삼각함수의 a~k는 x, y, r중 무엇인가?

1) $\sin\theta = \dfrac{a}{b}$

2) $\cos\theta = \dfrac{c}{d}$

3) $\tan\theta = \dfrac{e}{f}$

4) $\csc\theta = \dfrac{g}{h}$

5) $\sec\theta = \dfrac{i}{j}$

6) $\cot\theta = \dfrac{k}{l}$

공식 문제 2-7)
다음 1)과 2) 중 더 많이 사용하는 삼각함수는 무엇인가?
1)   sin,cos,tan
2)   csc,sec,cot

공식 문제 2-8)
삼각함수 값의 부호 평면에서 가로축을 x축, 세로축을 y축, 원점과의 거리를 r이라 할 때 다음은 무슨 부호와 같나?
1) $\sin\theta$와 $\csc\theta$
2) $\cos\theta$와 $\sec\theta$
3) $\tan\theta$와 $\cot\theta$

공식 문제 2-9)
1사분면에서 삼각함수의 값 다음 경우 무슨 도형을 이용해서 값을 구하는가?

1)   각 $\dfrac{\pi}{4}$일 때

2)   각 $\dfrac{\pi}{6}$와 $\dfrac{\pi}{3}$일 때

공식 문제 2-10)
보각 공식을 쓰시오.

a. $\sin(\pi-\theta)=$
b. $\cos(\pi-\theta)=$
c. $\tan(\pi-\theta)=$

공식 문제 2-11)

각이 2사분면에 있는 경우 보각 공식을 써서 2사분면의 각 θ_2을 1사분면의 각 θ_1으로 바꿀 수 있다. 다음은 무엇인가?

1) θ_1
2) θ_2

공식 문제 2-12)

+pi 공식을 쓰시오.

a. $\sin(\pi+\theta) =$
b. $\cos(\pi+\theta) =$
c. $\tan(\pi+\theta) =$

공식 문제 2-13)

각이 3사분면에 있는 경우 +pi 공식을 써서 3사분면의 각 θ_3을 1사분면의 각 θ_1으로 바꿀 수 있다. 다음은 무엇인가?

1) θ_1
2) θ_3

공식문제 2-14)

다음 중 기함수는 기, 우함수는 우라고 쓰시오.

(1) $\sin\theta$
(2) $\cos\theta$
(3) $\tan\theta$

공식 문제 2-15)
다음 기함수와 우함수의 성질에 관한 공식을 쓰시오.

a. $\sin(-\theta) =$
b. $\cos(-\theta) =$
c. $\tan(-\theta) =$

공식 문제 2-16)
각이 4사분면에 있는 경우 기함수와 우함수의 성질을 이용하여 4사분면의 각 θ_4을 1사분면의 각 θ_1으로 바꿀 수 있다.
다음은 무엇인가?
1) θ_1
2) θ_4

공식 문제 2-17)
함수 $f(t)$가 모든 t의 값에 대해서 $f(t) = f(t+T)$를 만족할 때
1) 가장 작은 양수 T를 무엇이라고 하는가?
2) 함수 $f(t)$를 무슨 함수라고 하나?

공식 문제 2-18)
$y = \sin x$의 주기는 얼마인가?

공식 문제 2-19)
$y = \cos x$의 주기는 얼마인가?

공식 문제 2-20)
$y = \tan x$의 주기는 얼마인가?

제3장 도표(graph) - 본문

<목 차>

3-1) 두 평면(two planes)

3-2) 정현 도표(sine graph)

3-3) 여현 도표(cosine graph)

3-4) 삼각형의 닮음(similarity of triangle)

3-5) 정접 도표(tangent graph)

3-6) 평행 이동(parallel shift)

3-7) 최댓값과 최솟값(maximum and minimum)

3-8) 각속도, 주기와 주파수(angular velocity, period and frequency)

3-1) 두 평면(two planes)

3-1-1) xy 평면
아직까지 주로 생각한 평면이다. 점 $P(x,y)$가 있다고 하자.

3-1-1-1) 가로축
x

3-1-1-2) 세로축
y

3-1-1-3) r
점 P와 원점과의 거리
방향량 $\overrightarrow{OP}$의 길이
피타고라스의 정리에 의해서 $x^2+y^2=r^2$
$r=1$인 원을 단위원이라고 한다.

3-1-1-4) θ
반직선 OP와 x축 양의 방향과 이루는 각

3-1-1-5) 장점
x와 y의 값이 주어졌을 때
그 점에서의 모든 삼각함수값을 알 수 있다.

3-1-2) θy 평면
본 장에서 도표를 그리는 평면이다.

3-1-2-1) 가로축
θ

3-1-2-2) 세로축
y

3-1-2-3) θ와 y의 관계
y는 θ의 삼각 함수이다.
$y = f(\theta)$로 나타낼 수 있다.

3-1-2-4) 장점
최댓값, 최솟값, 각속도, 주기, 주파수 등을 알기 쉽다.

3-2) 정현 도표(sine graph)

3-2-1) 정현 함수의 정의
$$\sin\theta = \frac{y}{r} = \frac{\text{세로축의길이}}{\text{원점과의거리}}$$

3-2-2) 단위원
단위원에서는 $r = 1$이므로 $\sin\theta = y$이다.

3-2-3) 그리는 방법
단위원의 y 좌표를 θy 평면의 y 좌표의 값에 대응하면 된다.

3-2-4) 구간

정현 함수의 주기는 2π이다.
여러 가지 방법이 있는데 본서에서는 구간 $0 \leq \theta \leq 2\pi$에서의 값만을 그리기로 한다.
다른 구간에서는 이 값들을 계속 반복해서 그리면 된다.

계산 문제 3-1)

$0 \leq \theta \leq 2\pi$일 때 $y = \sin\theta$의 도표를 그리시오.

아래 표의 빈칸을 채운 후에 부드럽게 연결하면 된다.

θ	0	$\frac{\pi}{2}$	π	$\frac{3}{2}\pi$	2π
$y = \sin\theta$					

3-3) 여현 도표(cosine graph)

3-3-1) 여현 함수의 정의

$$\cos\theta = \frac{x}{r} = \frac{\text{가로축의길이}}{\text{원점과의거리}}$$

3-3-2) 단위원

단위원에서는 $r = 1$이므로 $\cos\theta = x$이다.

3-3-3) 그리는 방법
단위원의 x 좌표를 θy 평면의 y 좌표의 값에 대응하면 된다.
x 좌표와 y 좌표의 방향이 다르므로 단위원을 시계 반대 방향으로 $\dfrac{\pi}{2}$ 회전하여 xy 평면의 x 좌표를 y 좌표 방향으로 이동한 후에 θy 평면의 y 좌표의 값에 대응하면 된다.

3-3-4) 구간
여현 함수의 주기는 정현 함수와 같은 2π이다.
여러 가지 방법이 있는데 본서에서는 구간 $0 \leq \theta \leq 2\pi$에서의 값만을 그리기로 한다.
다른 구간에서는 이 값들을 계속 반복해서 그리면 된다.

계산 문제 3-2)
$0 \leq \theta \leq 2\pi$일 때 $y = \cos\theta$의 도표를 그리시오.

아래 표의 빈칸을 채운 후에 부드럽게 연결하면 된다.

θ	0	$\dfrac{\pi}{2}$	π	$\dfrac{3}{2}\pi$	2π
$y = \cos\theta$					

3-4) 삼각형의 닮음(similarity of triangle)

3-4-1) 정의
삼각형 ABC와 DEF에서 세 각의 크기가 같을 때, ABC와 DEF가 닮았다고 한다.

3-4-2) 표현
두 삼각형 ABC와 DEF가 닮았을 때 △ABC∽△DEF로 나타낸다.

3-4-3) 세 각의 크기
두 삼각형 ABC와 DEF가 닮았을 때 세 각의 크기는 같다.
즉, ∠A=∠D, ∠B=∠E, ∠C=∠F이다.

3-4-4) 세 변의 길이
두 삼각형 ABC와 DEF가 닮았을 때 세 변의 길이의 비는 같다.
즉, $a : b : c = d : e : f$

계산 문제 3-3)
두 삼각형 ABC와 DEF가 닮았다. 즉, △ABC∽△DEF이다.

$a=2[m]$, $b=3[m]$, $c=4[m]$
$d=10[m]$일 때 다음은 얼마인가?
1) e
2) f

3-5) 정접 도표(tangent graph)

3-5-1) 필요한 예비 지식
정접 도표를 그리기 위해서는 삼각형의 닮음을 알아야 한다.

3-5-2) 정의
$$\tan\theta = \frac{y}{x} = \frac{세로축의길이}{가로축의길이}$$

3-5-3) 점들의 좌표
점 $P(x,y)$
점 $P'(x,0)$

3-5-4) 보조선
정접 도표를 그릴 때는 보조선을 그려야 한다.
보조선은 점 $(1,0)$을 지나고 y축과 평행인 직선이다.

3-5-5) 보조선에 의한 점들의 좌표
점 $T(1,y')$
점 $T'(1,0)$
점 T는 원점과 점 P를 연장한 동경의 교점이다.

3-5-6) 두 삼각형
두 삼각형 $\triangle OPP'$와 $\triangle OTT'$는 서로 닮았으므로 $\tan\theta = \dfrac{y}{x} = y'$

3-5-7) 그리는 방법
단위원의 점 T의 y' 좌표를 θy 평면의 y 좌표의 값에 대응하면 된다.

3-5-8) 구간
정현 함수와 여현 함수와는 달리 정접 함수의 주기는 π이다.

여러 가지 방법이 있는데 본서에서는 구간 $-\dfrac{\pi}{2}<\theta<\dfrac{\pi}{2}$에서의 값만을 그리기로 한다.

다른 구간에서는 이 값들을 계속 반복해서 그리면 된다.

3-5-9) 불연속점
모든 실수 θ에서 연속적인 정현 함수, 여현 함수와는 달리 정접 함수는 불연속점이 한 주기에 한 번씩 존재한다.

3-5-9-1) 불연속점 θ'
n이 정수일 때 $\theta'=n\pi+\dfrac{\pi}{2}=(n+\dfrac{1}{2})\pi$에서 $y=\tan\theta$는 불연속이다.

따라서 $\ldots, \tan(-\dfrac{\pi}{2}), \tan\dfrac{\pi}{2}, \ldots$의 값들은 존재하지 않는다.

3-5-9-2) 극한값
불연속점에서 좌극한과 우극한값이 다르며 다음과 같다.

3-5-9-2-1) 좌극한
$$\lim_{x\to n\pi+\frac{\pi}{2}-0} tanx = \infty$$

3-5-9-2-2) 우극안

$$\lim_{x \to n\pi + \frac{\pi}{2} + 0} tanx = -\infty$$

계산 문제 3-4)

$-\frac{\pi}{2} < \theta < \frac{\pi}{2}$ 일 때 $y = \tan x$의 도표를 그리시오.

아래 표의 빈칸을 채운 후에 부드럽게 연결하면 된다.

θ	$-\frac{\pi}{2}$	$-\frac{\pi}{4}$	0	$\frac{\pi}{4}$	$\frac{\pi}{2}$
$y = \tan\theta$					

참고)

엄밀히 말하자면 $\tan(-\frac{\pi}{2})$와 $\tan\frac{\pi}{2}$의 값들은 존재하지 않는다. 다음과 같이 극한값으로 적으면 된다.

a. $x = -\frac{\pi}{2}$일 때의 값은 우극한값

   $\tan(-\frac{\pi}{2})$ -> $\lim_{x \to -\frac{\pi}{2} + 0} tanx$

b. $x = \frac{\pi}{2}$일 때의 값은 좌극한값

   $\tan\frac{\pi}{2}$ -> $\lim_{x \to \frac{\pi}{2} - 0} tanx$

3-6) 평행 이동(parallel shift)

가로축 즉 θ축 방향으로의 평행 이동과 세로축 즉, y축 방향으로의 평행 이동을 생각한다.

3-6-1) θ축 방향의 평행 이동(parallel shift along θ-axis)

$f(\theta)$를 θ축 방향으로 a만큼 평행이동하면 $f(\theta-a)$이다.

계산 문제 3-5)

다음은 $y = \sin\theta$를 θ축 방향으로 평행 이동한 함수들이다.

$y_1 = \sin\left(\theta - \dfrac{\pi}{2}\right)$

$y_2 = \sin(\theta - \pi)$

$y_3 = \sin\left(\theta - \dfrac{3}{2}\pi\right)$

1) 다음 표의 빈 칸을 채우시오.

θ	0	$\dfrac{\pi}{2}$	π	$\dfrac{3}{2}\pi$	2π
$y = \sin\theta$					
$\theta - \dfrac{\pi}{2}$					
$y_1 = \sin\left(\theta - \dfrac{\pi}{2}\right)$					
$\theta - \pi$					
$y_2 = \sin(\theta - \pi)$					
$\theta - \dfrac{3}{2}\pi$					
$y_3 = \sin\left(\theta - \dfrac{3}{2}\pi\right)$					

2) 위 함수들 y, y_1, y_2, y_3의 도표를 그리시오.
3) 다음 함수들은 $y = \sin\theta$를 θ축 방향으로 얼마 이동했는가?
   2)에서 그린 도표로 알 수 있다.
   (1) y_1
   (2) y_2
   (3) y_3
4) 위 함수들 y_1, y_2, y_3 중 $\cos\theta$와 같은 것은 무엇인가?
5) 4)의 결과로 볼 때 $\cos\theta$는 $\sin\theta$를 θ축 방향으로 얼마 이동한 함수와 같나?

계산 문제 3-6)
다음은 $y = \sin\theta$를 θ축 방향으로 평행 이동한 함수들이다.

$y_1 = \sin(\theta + \dfrac{\pi}{2})$

$y_2 = \sin(\theta + \pi)$

$y_3 = \sin(\theta + \dfrac{3}{2}\pi)$

1) 다음 표의 빈 칸을 채우시오.

θ	0	$\dfrac{\pi}{2}$	π	$\dfrac{3}{2}\pi$	2π
$y=\sin\theta$					
$\theta+\dfrac{\pi}{2}$					
$y_1=\sin\left(\theta+\dfrac{\pi}{2}\right)$					
$\theta+\pi$					
$y_2=\sin(\theta+\pi)$					
$\theta+\dfrac{3}{2}\pi$					
$y_3=\sin\left(\theta+\dfrac{3}{2}\pi\right)$					

2) 위 함수들 y, y_1, y_2, y_3의 도표를 그리시오.

3) 다음 함수들은 $y=\sin\theta$를 θ축 방향으로 얼마 이동했는가? 2)에서 그린 도표로 알 수 있다.

   (1) y_1

   (2) y_2

   (3) y_3

4) 위 함수들 y_1, y_2, y_3 중 $\cos\theta$와 같은 것은 무엇인가?

5) 3)의 결과로 볼 때 $\cos\theta$는 $\sin\theta$를 θ축 방향으로 얼마 이동한 함수와 같나?

계산 문제 3-7)

다음은 $y = \cos\theta$를 θ축 방향으로 평행 이동한 함수들이다.

$y_1 = \cos\left(\theta - \dfrac{\pi}{2}\right)$

$y_2 = \cos(\theta - \pi)$

$y_3 = \cos\left(\theta - \dfrac{3}{2}\pi\right)$

1) 다음 표의 빈 칸을 채우시오.

θ	0	$\dfrac{\pi}{2}$	π	$\dfrac{3}{2}\pi$	2π
$y = \cos\theta$					
$\theta - \dfrac{\pi}{2}$					
$y_1 = \cos\left(\theta - \dfrac{\pi}{2}\right)$					
$\theta - \pi$					
$y_2 = \cos(\theta - \pi)$					
$\theta - \dfrac{3}{2}\pi$					
$y_3 = \cos\left(\theta - \dfrac{3}{2}\pi\right)$					

2) 위 함수들 y, y_1, y_2, y_3의 도표를 그리시오.

3) 다음 함수들은 $y = \cos\theta$를 θ축 방향으로 얼마 이동했는가? 2)에서 그린 도표로 알 수 있다.
   - (1) y_1
   - (2) y_2
   - (3) y_3

4) 위 함수들 y_1, y_2, y_3 중 $\sin\theta$와 같은 것은 무엇인가?

5) 4)의 결과로 볼 때 $\sin\theta$는 $\cos\theta$를 θ축 방향으로 얼마 이동한 함수와 같나?

계산 문제 3-8)

다음은 $y = \cos\theta$를 θ축 방향으로 평행 이동한 함수들이다.

$y_1 = \cos(\theta + \frac{\pi}{2})$

$y_2 = \cos(\theta + \pi)$

$y_3 = \cos(\theta + \frac{3}{2}\pi)$

1) 다음 표의 빈 칸을 채우시오.

θ	0	$\dfrac{\pi}{2}$	π	$\dfrac{3}{2}\pi$	2π
$y = \cos\theta$					
$\theta + \dfrac{\pi}{2}$					
$y_1 = \cos\left(\theta + \dfrac{\pi}{2}\right)$					
$\theta + \pi$					
$y_2 = \cos(\theta + \pi)$					
$\theta + \dfrac{3}{2}\pi$					
$y_3 = \cos\left(\theta + \dfrac{3}{2}\pi\right)$					

2) 위 함수들 y, y_1, y_2, y_3의 도표를 그리시오.

3) 다음 함수들은 $y = \cos\theta$를 θ축 방향으로 얼마 이동했는가? 2)에서 그린 도표로 알 수 있다.

   (1) y_1

   (2) y_2

   (3) y_3

4) 위 함수들 y_1, y_2, y_3 중 $\sin\theta$와 같은 것은 무엇인가?

5) 3)의 결과로 볼 때 $\sin\theta$는 $\cos\theta$를 θ축 방향으로 얼마 이동한 함수와 같나?

계산 문제 3-9)

다음은 $y = \tan\theta$를 θ축 방향으로 평행 이동한 함수들이다.

$y_1 = \tan\left(\theta - \dfrac{\pi}{4}\right)$

$y_2 = \tan\left(\theta + \dfrac{\pi}{4}\right)$

1) 다음 표의 빈 칸을 채우시오.

θ	$-\dfrac{\pi}{2}$	$-\dfrac{\pi}{4}$	0	$\dfrac{\pi}{4}$	$\dfrac{\pi}{2}$
$y = \tan\theta$					
$\theta - \dfrac{\pi}{4}$					
$y_1 = \tan\left(\theta - \dfrac{\pi}{4}\right)$					
$\theta + \dfrac{\pi}{4}$					
$y_2 = \tan\left(\theta + \dfrac{\pi}{4}\right)$					

2) 위 함수들 y, y_1, y_2의 도표를 그리시오.

3) 다음 함수들은 $y = \tan\theta$를 θ축 방향으로 얼마 이동했는가? 2)에서 그린 도표로 알 수 있다.

   (1) y_1

   (2) y_2

3-6-2) y축 방향으로 평행 이동(parallel shift along y-axis)

$f(\theta)$를 y축 방향으로 a만큼 평행이동하면 $f(\theta)+a$이다.

계산 문제 3-10)

다음은 $y=\sin\theta$를 y축 방향으로 평행 이동한 함수들이다.

$y_1 = \sin\theta + 1$

$y_2 = \sin\theta - 1$

1) 다음 표의 빈 칸을 채우시오.

θ	0	$\dfrac{\pi}{2}$	π	$\dfrac{3}{2}\pi$	2π
$y = \sin\theta$					
$y_1 = \sin\theta + 1$					
$y_2 = \sin\theta - 1$					

2) 위 함수들 y, y_1, y_2의 도표를 그리시오.
3) 다음 함수들은 $y=\sin\theta$를 y축 방향으로 얼마 이동했는가?
   2)에서 그린 도표로 알 수 있다.
   (1) y_1
   (2) y_2

계산 문제 3-11)

다음은 $y=\cos\theta$를 y축 방향으로 평행 이동한 함수들이다.

$y_1 = \cos\theta + 1$

$y_2 = \cos\theta - 1$

1) 다음 표의 빈 칸을 채우시오.

θ	0	$\dfrac{\pi}{2}$	π	$\dfrac{3}{2}\pi$	2π
$y = \cos\theta$					
$y_1 = \cos\theta + 1$					
$y_2 = \cos\theta - 1$					

2) 위 함수들 y, y_1, y_2의 도표를 그리시오.
3) 다음 함수들은 $y=\cos\theta$를 y축 방향으로 얼마 이동했는가? 2)에서 그린 도표로 알 수 있다.
   (1) y_1
   (2) y_2

계산 문제 3-12)

다음은 $y=\tan\theta$를 y축 방향으로 평행 이동한 함수들이다.

$y_1 = \tan\theta + 1$

$y_2 = \tan\theta - 1$

1) 다음 표의 빈 칸을 채우시오.

θ	$-\dfrac{\pi}{2}$	$-\dfrac{\pi}{4}$	0	$\dfrac{\pi}{4}$	$\dfrac{\pi}{2}$
$y = \tan\theta$					
$y_1 = \tan\theta + 1$					
$y_2 = \tan\theta - 1$					

2) 위 함수들 y, y_1, y_2의 도표를 그리시오.
3) 다음 함수들은 $y = \tan\theta$를 y축 방향으로 얼마 이동했는가?
   2)에서 그린 도표로 알 수 있다.
   (1) y_1
   (2) y_2

3-7) 최댓값과 최솟값(maximum and minimum)

3-7-1) $y = \sin\theta$과 $y = \cos\theta$

$y = \sin\theta$와 $y = \cos\theta$의 최소값은 -1이고 최대값은 1이다.
즉,
$-1 \leq \sin\theta \leq 1$
$-1 \leq \cos\theta \leq 1$
단, $y = \sin\theta$와 $y = \cos\theta$의 최댓값과 최솟값이 발생하는 θ의 값들은 서로 다르다.

이 값들을 다음 계산 문제들을 통해서 알아보자.

계산 문제 3-13)
$y = \sin\theta$의 최댓값과 최솟값

1) 다음 표의 빈 칸을 채우시오.
최댓값줄은 $y = \sin\theta$의 최댓값이 발생한 부분에 대를
최솟값줄은 $y = \sin\theta$의 최솟값이 발생한 부분에 소를 쓰시오.

θ	0	$\frac{\pi}{2}$	π	$\frac{3}{2}\pi$	2π
$y = \sin\theta$					
최댓값					
최솟값					

2) θ값이 얼마일 때 $y = \sin\theta$의 최댓값이 발생하는가?
3) θ값이 얼마일 때 $y = \sin\theta$의 최솟값이 발생하는가?

계산 문제 3-14)
$y = \cos\theta$의 최댓값과 최솟값

1) 다음 표의 빈 칸을 채우시오.
최댓값줄은 $y = \cos\theta$의 최댓값이 발생한 부분에 대를
최솟값줄은 $y = \cos\theta$의 최솟값이 발생한 부분에 소를 쓰시오.

θ	0	$\frac{\pi}{2}$	π	$\frac{3}{2}\pi$	2π
$y = \cos\theta$					
최댓값					
최솟값					

2) θ값이 얼마일 때 $y=\cos\theta$의 최댓값이 발생하는가?
3) θ값이 얼마일 때 $y=\cos\theta$의 최솟값이 발생하는가?

3-7-2) $y=r\sin\theta$**과** $y=r\cos\theta$

$y=r\sin\theta$와 $y=r\cos\theta$의 최소값은 $-|r|$이고 최대값은 $|r|$이다.
즉,
$-|r| \leq r\sin\theta \leq |r|$
$-|r| \leq r\cos\theta \leq |r|$

3-7-1-1) $r>0$**인 경우**

이 경우 $y=\sin\theta$와 $y=r\sin\theta$의 최댓값과 최솟값이 발생하는 θ의 값들은 같다.
$y=\cos\theta$의 $y=r\cos\theta$의 최댓값과 최솟값이 발생하는 θ의 값들도 또한 같다.

계산 문제 3-15)
$y=2\sin\theta$의 최댓값과 최솟값

1) 다음 표의 빈 칸을 채우시오.
최댓값줄은 $y=2\sin\theta$의 최댓값이 발생한 부분에 대를
최솟값줄은 $y=2\sin\theta$의 최솟값이 발생한 부분에 소를 쓰시오.

θ	0	$\frac{\pi}{2}$	π	$\frac{3}{2}\pi$	2π
$y'=\sin\theta$					
$y=2\sin\theta$					
최댓값					
최솟값					

2) θ값이 얼마일 때 $y=2\sin\theta$의 최댓값이 발생하는가?

3) θ값이 얼마일 때 $y=2\sin\theta$의 최솟값이 발생하는가?

4) 2)와 3)에서의 값들은 계산 문제 6-13)에서의 값과 같은가? 다른가?

계산 문제 3-16)

$y=2\cos\theta$의 최댓값과 최솟값

1) 다음 표의 빈 칸을 채우시오.

최댓값줄은 $y=2\cos\theta$의 최댓값이 발생한 부분에 대를

최솟값줄은 $y=2\cos\theta$의 최솟값이 발생한 부분에 소를 쓰시오.

θ	0	$\frac{\pi}{2}$	π	$\frac{3}{2}\pi$	2π
$y'=\cos\theta$					
$y=2\cos\theta$					
최댓값					
최솟값					

2) θ값이 얼마일 때 $y=2\cos\theta$의 최댓값이 발생하는가?

3) θ값이 얼마일 때 $y=2\cos\theta$의 최솟값이 발생하는가?

4) 2)와 3)에서의 값들은 계산 문제 6-14)에서의 값과 같은가? 다른가?

3-7-1-2) $r<0$인 경우

이 경우, $y=\sin\theta$와 $y=r\sin\theta$의 최댓값과 최솟값이 발생하는 θ의 값들은 다르다.

$y=\cos\theta$의 $y=r\cos\theta$의 최댓값과 최솟값이 발생하는 θ의 값들도 또한 다르다.

계산 문제 3-17)
$y=-2\sin\theta$의 최댓값과 최솟값

1) 다음 표의 빈 칸을 채우시오.
최댓값줄은 $y=-2\sin\theta$의 최댓값이 발생한 부분에 대를
최솟값줄은 $y=-2\sin\theta$의 최솟값이 발생한 부분에 소를 쓰시오.

θ	0	$\dfrac{\pi}{2}$	π	$\dfrac{3}{2}\pi$	2π
$y'=\sin\theta$					
$y=-2\sin\theta$					
최댓값					
최솟값					

2) θ값이 얼마일 때 $y=-2\sin\theta$의 최댓값이 발생하는가?
3) θ값이 얼마일 때 $y=-2\sin\theta$의 최솟값이 발생하는가?
4) 2)와 3)에서의 값들은 계산 문제 6-13)에서의 값과 같은가? 다른가?

계산 문제 3-18)
$y=-2\cos\theta$의 최댓값과 최솟값

1) 다음 표의 빈 칸을 채우시오.
최댓값줄은 $y=-2\cos\theta$의 최댓값이 발생한 부분에 대를
최솟값줄은 $y=-2\cos\theta$의 최솟값이 발생한 부분에 소를 쓰시오.

θ	0	$\frac{\pi}{2}$	π	$\frac{3}{2}\pi$	2π
$y' = \cos\theta$					
$y = -2\cos\theta$					
최댓값					
최솟값					

2) θ값이 얼마일 때 $y=-2\cos\theta$의 최댓값이 발생하는가?

3) θ값이 얼마일 때 $y=-2\cos\theta$의 최솟값이 발생하는가?

4) 2)와 3)에서의 값들은 계산 문제 6-14)에서의 값과 같은가? 다른가?

계산 문제 3-19)

다음 함수 y들의 최댓값과 최솟값을 구하시오.

1) $y = \sin\theta$
2) $y = \cos\theta$
3) $y = 2\sin\theta$
4) $y = 2\cos\theta$
5) $y = -2\sin\theta$
6) $y = -2\cos\theta$
7) $y = \frac{1}{2}sin\theta$
8) $y = \frac{1}{2}cos\theta$
9) $y = -\frac{1}{2}sin\theta$

10)　　$y = -\dfrac{1}{2}\cos\theta$

3-7-2) $y = \tan\theta$

$y = \tan\theta$의 최댓값과 최솟값은 없다.
즉, $-\infty < \tan\theta < \infty$

계산 문제 6-20)
$y = \tan\theta$의 최댓값과 최솟값

1) 다음 표의 빈 칸을 채우시오.
∞줄은 $y = \tan\theta$의 값이 ∞인 부분에 ∞를
$-\infty$은 $y = \tan\theta$의 값이 $-\infty$인 부분에 $-\infty$를 쓰시오.

x	$-\dfrac{\pi}{2}$	$-\dfrac{\pi}{4}$	0	$\dfrac{\pi}{4}$	$\dfrac{\pi}{2}$
$y = \tan\theta$					
∞					
$-\infty$					

2)　　$\lim\limits_{x \to \alpha - 0} = \infty$ 일 때 위의 표를 참고할 때 α는 얼마인가?

　　(단 $-\dfrac{\pi}{2} \leqq \alpha \leqq \dfrac{\pi}{2}$)

3)　　$\lim\limits_{x \to \beta + 0} = -\infty$ 일 때 위의 표를 참고할 때 β는 얼마인가?

　　(단 $-\dfrac{\pi}{2} \leqq \beta \leqq \dfrac{\pi}{2}$)

3-8) 각속도, 주기와 주파수
(angular velocity, period and frequency)

3-8-1) 각속도(angular velocity)

3-8-1-1) 정의
단위 시간에 각이 이동하는 속도

3-8-1-2) 단위
[rad/sec]

3-8-1-3) 계산 방법
보통 ω로 표시하며 각 θ 앞에 곱해서 있는 값이다.

계산 문제 3-21)
sin과 cos

다음 삼각 함수 y들의 각속도 ω를 구하시오.
1) $y = \sin\theta$
2) $y = \cos\theta$
3) $y = \sin 2\theta$
4) $y = \cos 2\theta$
5) $y = \sin\dfrac{\theta}{2}$
6) $y = \cos\dfrac{\theta}{2}$

계산 문제 3-22)
tan

다음 삼각 함수 y들의 각속도 ω를 구하시오.
1) $y = \tan\theta$
2) $y = \tan 2\theta$
3) $y = \tan\dfrac{\theta}{2}$

3-8-2) 주기(period)

3-8-2-1) 정의
함수 $f(x)$가 $f(x+T) = f(x)$를 만족할 때, 가장 작은 양의 값 T
$\sin\theta$와 $\cos\theta$의   주기 $T = 2\pi$
$\tan\theta$의   주기 $T = \pi$

3-8-2-2) 단위
[sec]

3-8-2-3) 계산 방법
$\sin\omega\theta$와 $\cos\omega\theta$의   주기 $T' = \dfrac{2\pi}{\omega}$

$\tan\omega\theta$의   주기 $T' = \dfrac{\pi}{\omega}$

증명 문제 6-1)
함수 $f(\theta) = \sin\theta$의 주기 $T = 2\pi$임을 알 때 함수 $g(\theta) = \sin\omega\theta$의 주기 $T' = \dfrac{2\pi}{\omega}$임을 증명하시오.

증명 문제 6-2)

함수 $f(\theta) = \cos\theta$의 주기 $T = 2\pi$임을 알 때 함수 $g(\theta) = \cos\omega\theta$의 주기 $T' = \dfrac{2\pi}{\omega}$임을 증명하시오.

증명 문제 6-3)

함수 $f(\theta) = \tan\theta$의 주기 $T = \pi$임을 알 때 함수 $g(\theta) = \tan\omega\theta$의 주기 $T' = \dfrac{\pi}{\omega}$임을 증명하시오.

계산 문제 3-23)

sin과 cos

다음 삼각함수들의 주기 T를 구하시오.

1) $y = \sin\theta$
2) $y = \cos\theta$
3) $y = \sin 2\theta$
4) $y = \cos 2\theta$
5) $y = \sin\dfrac{\theta}{2}$
6) $y = \cos\dfrac{\theta}{2}$

계산 문제 3-24)
tan

다음 삼각 함수 y들의 주기 T를 구하시오.
1) $y = \tan\theta$
2) $y = \tan 2\theta$
3) $y = \tan\dfrac{\theta}{2}$

계산 문제 3-25~28)에서 $\sin\omega\theta$와 $\cos\omega\theta$의 주기 $T = \dfrac{2\pi}{\omega}$임을 값을 계산해서 확인해 보자.

계산 문제 3-25)
$y' = \sin 2\theta$의 주기 $y = \sin\theta$라 하자.

1) 아래 표의 빈 칸을 채우시오.

θ	0	$\dfrac{\pi}{4}$	$\dfrac{\pi}{2}$	$\dfrac{3}{4}\pi$	π
$y = \sin\theta$					
2θ					
$y' = \sin 2\theta$					

2) 위 표를 볼 때 $y' = \sin 2\theta$의 주기 T는 얼마인가?

계산 문제 3-26)

$y' = \cos 2\theta$의 주기 $y = \cos\theta$라 하자.

1) 아래 표의 빈 칸을 채우시오.

θ	0	$\frac{\pi}{4}$	$\frac{\pi}{2}$	$\frac{3}{4}\pi$	π
$y = \cos\theta$					
2θ					
$y' = \cos 2\theta$					

2) 위 표를 볼 때 $y' = \cos 2\theta$의 주기 T'는 얼마인가?

계산 문제 3-27)

$y' = \sin\frac{\theta}{2}$의 주기 $y = \sin\theta$라 하자.

1) 아래 표의 빈 칸을 채우시오.

θ	0	π	2π	3π	4π
$y = \sin\theta$					
$\frac{\theta}{2}$					
$y' = \sin\frac{\theta}{2}$					

2) 위 표를 볼 때 $y' = \sin\frac{\theta}{2}$의 주기 T'는 얼마인가?

계산 문제 3-28)

$y' = \cos\dfrac{\theta}{2}$의 주기 $y = \cos\theta$라 하자.

1) 아래 표의 빈 칸을 채우시오.

θ	0	π	2π	3π	4π
$y = \cos\theta$					
$\dfrac{\theta}{2}$					
$y' = \cos\dfrac{\theta}{2}$					

2) 위 표를 볼 때 $y' = \cos\dfrac{\theta}{2}$의 주기 T는 얼마인가?

계산 문제 3-29~30)에서 $\tan\omega\theta$의 주기 $T = \dfrac{2\pi}{\omega}$임을 확인해 보자.

계산 문제 6-29)

$y' = \tan 2\theta$의 주기 $y = \tan\theta$라 하자.

1) 아래 표의 빈 칸을 채우시오.

θ	$-\dfrac{\pi}{4}$	$-\dfrac{\pi}{8}$	0	$\dfrac{\pi}{8}$	$\dfrac{\pi}{4}$
$y = \tan\theta$					
2θ					
$y' = \tan 2\theta$					

2) 위 표를 볼 때 $y' = \tan 2\theta$의 주기 T'는 얼마인가?

계산 문제 3-30)

$y' = \tan \dfrac{\theta}{2}$의 주기 $y = \tan \theta$라 하자.

1) 아래 표의 빈 칸을 채우시오.

θ	$-\pi$	$-\dfrac{\pi}{2}$	0	$\dfrac{\pi}{2}$	π
$y = \tan \theta$					
$\dfrac{\theta}{2}$					
$y' = \tan \dfrac{\theta}{2}$					

2) 위 표를 볼 때 $y' = \tan \dfrac{\theta}{2}$의 주기 T'는 얼마인가?

3-8-3) 주파수(frequency)

3-8-3-1) 정의
주기의 역수로서 1초가 몇 주기인지를 의미한다.

3-8-3-2) 단위
hertz이며 [Hz]로 표시한다.

3-8-3-3) 계산 방법

$$f = \frac{1}{T} = \frac{\omega}{2\pi}$$

계산 문제 3-31)

sin과 cos

다음 삼각함수 y들의 주파수 ω를 구하시오.

1) $y = \sin\theta$

2) $y = \cos\theta$

3) $y = \sin 2\theta$

4) $y = \cos 2\theta$

5) $y = \sin\dfrac{\theta}{2}$

6) $y = \cos\dfrac{\theta}{2}$

계산 문제 3-32)

tan

다음 삼각함수 y들의 주파수 ω를 구하시오.

1) $y = \tan\theta$

2) $y = \tan 2\theta$

3) $y = \tan\dfrac{\theta}{2}$

제3장 도표(graph) - 공식 문제

공식 문제 3-1)
xy 평면에서 피타고라스의 정리에 의하면 x, y, r 사이의 관계식은 무엇인가?

공식 문제 3-2)
xy 평면의 장점은 무엇인가?

공식 문제 3-3)
본 장에서 도표를 그리는 평면은 xy 평면과 θy 평면 중 무엇인가?

공식 문제 3-4)
θy 평면은 다음 5가지를 알기 쉽다. 다음 5가지는 무엇인가?
1)
2)
3)
4)
5)

공식 문제 3-5)
정현(sin) 도표를 그릴 때 단위원의 a. 좌표를 θy 평면의 b. 좌표에 대응하면 된다.
에서 a. b.는 무엇인가?
a.
b.

공식 문제 3-6)
정현(sin) 함수의 주기는 2π이므로 본서에서는 $\alpha \leq \theta \leq \beta$에서의 값만을 그리기로 한다.
에서 α, β는 무엇인가?

α.

β.

공식 문제 3-7)
여현(cos) 도표를 그릴 때 단위원의 a. 좌표를 θy 평면의 b. 좌표에 대응하면 된다.
에서 a. b.는 무엇인가?

a.

b.

공식 문제 3-8)
여현(cos) 함수의 주기는 2π이므로 본서에서는 $\alpha \leq \theta \leq \beta$에서의 값만을 그리기로 한다.
에서 α, β는 무엇인가?

α.

β.

공식 문제 3-9)
여현(cos) 도표를 그릴 때 단위원을 a. 방향으로 b. 회전하여 xy 평면의 c. 좌표를 d. 좌표 방향으로 이동한 후에 θy 평면의 e. 좌표의 값에 대응하면 된다.
에서 a.b.c.d.e는 무엇인가?

a.
b.
c.
d.
e.

공식 문제 3-10)
두 삼각형 ABC와 DEF에서 무엇이 같을 때 닮았다고 하나?

공식 문제 3-11)
두 삼각형 ABC와 DEF에서 다음 무엇이 같을 때 어떻게 나타내나?

공식 문제 3-12)
두 삼각형 ABC와 DEF에서 닮았을 때 3가지가 같다. 무엇인지 쓰시오.
1)
2)
3)

공식 문제 3-13)
두 삼각형 ABC와 DEF가 닮았을 때 삼각형 ABC의 세 변의 길이 a, b, c와 삼각형 DEF의 세 변의 길이 d, e, f 사이에는 어떤 관계가 성립하나?

공식 문제 3-14)
삼각형의 닮음을 알아야 그리기 쉬운 도표는 다음 a.b.c 중 무엇인가?
a. 정현(sin)
b. 여현(cos)
c. 정접(tan)

공식 문제 3-15)
정접(tan) 도표를 그릴 때는 보조선을 그려야 한다.
이 보조선은 a.를 지나고 b.에 평행하다.
에서 a.b.는 무엇인가?
a.
b.

공식 문제 3-16)
정접(tan) 도표를 그리려고 한다.
원점 O
점 $P(x,y)$
점 $P'(x,0)$
점 $T(1,y')$
점 $T'(1,0)$
원점과 점 P를 연장한 동경의 교점을 $T(1,y')$라고 할 때 O와 다른 두 점으로 구성된 2개의 삼각형은 닮았다. 무엇과 무엇인가?

공식 문제 3-17)
정접(tan) 도표를 그리려고 한다.
원점 O
점 $P(x,y)$
점 $P'(x,0)$
점 $T(1,y')$
점 $T'(1,0)$
원점과 점 P를 연장한 동경의 교점을 $T(1,y')$라고 할 때 단위원의 점 T의 a. 좌표를 θy 평면의 b. 좌표의 값에 대응하면 된다.
에서 a.b.는 무엇인가?

a.
b.

공식 문제 3-18)
정접(tan) 함수의 주기는 π이므로 본서에서는 $\alpha < \theta < \beta$에서의 값만을 그리기로 한다.
에서 α, β는 무엇인가?
α.
β.

공식 문제 3-19)
n이 정수일 때 정접 도표의 불연속점은 $\theta' = (n+\alpha)\pi$이라고 한다. α는 얼마인가?

공식 문제 3-20)
$f(\theta)$를 θ축 방향으로 a만큼 평행이동하면 무엇인가?

공식 문제 3-21)
$f(\theta)$를 y축 방향으로 b만큼 평행이동하면 무엇인가?

공식 문제 3-22)
$y = \sin\theta$와 $y = \cos\theta$의 최댓값과 최솟값은 얼마인가?
1)   최댓값
2)   최솟값

공식 문제 3-23)
$y=r\sin\theta$와 $y=r\cos\theta$의 최댓값과 최솟값은 얼마인가?
1) 최댓값
2) 최솟값

공식 문제 3-24)
단위 시간에 각이 이동하는 속도를 무엇이라고 하나?

공식 문제 3-25)
각속도의 단위는 무엇인가?

공식 문제 3-26)
함수 $f(t)$가 $f(t+T)=f(t)$를 만족할 때 가장 작은 양의 값 T를 무엇이라고 하나?

공식 문제 3-27)
주기의 단위는 무엇인가?

공식 문제 3-28)
다음 함수 y들의 주기는 무엇인가?
1) $y=\sin\theta$
2) $y=\cos\theta$
3) $y=\tan\theta$
4) $y=\sin\omega\theta$
5) $y=\cos\omega\theta$
6) $y=\tan\omega\theta$

공식 문제 3-29)
주기의 역수로서 1초가 몇 주기인지를 의미하는 것은 무엇인가?

공식 문제 3-30)
주파수는 무엇으로 표시하나?

공식 문제 3-31)
주기가 T인 경우 주파수는 무엇인가?

에듀컨텐츠·휴피아
CH Educontents Huepia

제4장 다른 값(another value) - 본문

<목 차>

4-1) 기본 공식(basic formula)

4-2) 정현 값이 주어진 경우(when $\sin\theta$ is given)

4-3) 여현 값이 주어진 경우(when $\cos\theta$ is given)

4-4) 정접 값이 주어진 경우(when $\tan\theta$ is given)

i) $\sin\theta, \cos\theta, \tan\theta$ 중 한 가지 삼각 함수 값

ii)   각 θ가 있는 분면

본 장의 문제는 위 i), ii)를 알 때, 다른 삼각 함수값을 구하는 문제이다.
i)만 알고 ii)를 모르는 경우 다른 삼각 함수값의 절대값은 알 수 있지만, 다른 삼각 함수값의 부호는 알 수 없다.
에서 a.와 b.는 무엇인가?

4-1) 기본 공식(basic formula)

아래 a,b.c.d.e. 5개의 공식이 본 장에서 공부할 기본 공식이다.
그 공식들을 알면
i) $\sin\theta, \cos\theta, \tan\theta$ 중 한 가지 삼각 함수 값
ii)   각 θ가 있는 분면 위 i)ii)를 알 때, 다른 삼각 함수값을 구할 수 있다.

a.와 b.를 상제 관계
c., d.와 e.을 제곱 관계라고 부르기로 한다.

a. $\tan\theta = \dfrac{\sin\theta}{\cos\theta}$

b. $\sin\theta = \tan\theta\cos\theta$

c. $\sin^2\theta + \cos^2\theta = 1$

d. $\tan^2\theta + 1 = \sec^2\theta$

e. $1 + \cot^2\theta = \csc^2\theta$

4-1-1) 상제 관계

아래 2개의 공식을 상제 관계라고 한다.

a. $\tan\theta = \dfrac{\sin\theta}{\cos\theta}$

b. $\sin\theta = \tan\theta\cos\theta$

계산 문제 4-1)

xy 평면에서 x는 가로축의 길이 y는 세로축의 길이 r은 원점과의 거리라고 하자. 다음 a, b, c, d, e, f는 r, x, y 중 무엇인가?

1) $\sin\theta = \dfrac{a}{b}$

2) $\cos\theta = \dfrac{c}{d}$

3) $\tan\theta = \dfrac{e}{f}$

증명 문제 4-1)

다음 상제 관계 공식을 증명하시오.

a. $\tan\theta = \dfrac{\sin\theta}{\cos\theta}$

암시)

계산 문제 3)의 양변을 r로 나누시오.

증명 문제 4-2)

a. $\tan\theta = \dfrac{\sin\theta}{\cos\theta}$ 을 알 때

b. $\sin\theta = \tan\theta\cos\theta$ 임을 증명하시오.

암시)
a.의 양변에 $\cos\theta$를 곱한다.

4-1-2) 제곱 관계
아래 3개의 공식을 제곱 관계라 한다.

c. $\quad \sin^2\theta + \cos^2\theta = 1$
d. $\quad \tan^2\theta + 1 = \sec^2\theta$
e. $\quad 1 + \cot^2\theta = \csc^2\theta$

계산 문제 4-2)
xy 평면에서 x는 가로축의 길이 y는 세로축의 길이 r은 원점과의 거리라 할 때, 피타고라스의 정리의 식을 쓰시오.

증명 문제 4-3)
다음 제곱 관계 공식을 증명하시오.
c. $\quad \sin^2\theta + \cos^2\theta = 1$

암시)
계산 문제 7-2)에서 구한 식의 양변을 r^2으로 나누시오.

증명 문제 4-4)
c. $\quad \sin^2\theta + \cos^2\theta = 1$를 알 때
d. $\quad \tan^2\theta + 1 = \sec^2\theta$임을 증명하시오.

암시)
c. 의 양변을 $\cos^2\theta$으로 나누시오.

증명 문제 4-5)
c. $\sin^2\theta + \cos^2\theta = 1$를 알 때
e. $1 + \cot^2\theta = \csc^2\theta$임을 증명하시오.

암시)
c. 의 양변을 $\sin^2\theta$으로 나누시오.

4-2) 정현 값이 주어진 경우(when $\sin\theta$ is given)

다음 2가지 단계로 $\cos\theta$와 $\tan\theta$를 구할 수 있다.

4-2-1) $\cos\theta$를 구한다.
제곱 관계에서 c. $\sin^2\theta + \cos^2\theta = 1$
위 식을 $\cos\theta$에 대해서 정리하면
$\cos\theta = \pm\sqrt{1 - \sin^2\theta}$
1,4분면에 있을 때는 +
2,3분면에 있을 때는 -

4-2-2) $\tan\theta$를 구한다.
상제 관계에 의해서 $\tan\theta$를 구한다.
d. $\tan\theta = \dfrac{\sin\theta}{\cos\theta}$

계산 문제 4-3)
다음과 같을 때 $\cos\theta$와 $\tan\theta$를 구하시오.

1) $\sin\theta = \dfrac{3}{5}$ 이고 θ가 1사분면에 있을 때

2) $\sin\theta = \dfrac{3}{5}$ 이고 θ가 2사분면에 있을 때

3) $\sin\theta = -\dfrac{3}{5}$ 이고 θ가 3사분면에 있을 때

4) $\sin\theta = -\dfrac{3}{5}$ 이고 θ가 4사분면에 있을 때

계산 문제 4-4)
다음과 같을 때 $\cos\theta$와 $\tan\theta$를 구하시오.

1) $\sin\theta = \dfrac{4}{5}$ 이고 θ가 1사분면에 있을 때

2) $\sin\theta = \dfrac{4}{5}$ 이고 θ가 2사분면에 있을 때

3) $\sin\theta = -\dfrac{4}{5}$ 이고 θ가 3사분면에 있을 때

4) $\sin\theta = -\dfrac{4}{5}$ 이고 θ가 4사분면에 있을 때

계산 문제 4-5)
다음과 같을 때 $\cos\theta$와 $\tan\theta$를 구하시오.

1) $\sin\theta = \dfrac{5}{13}$ 이고 θ가 1사분면에 있을 때

2) $\sin\theta = \dfrac{5}{13}$ 이고 θ가 2사분면에 있을 때

3) $\sin\theta = -\dfrac{5}{13}$ 이고 θ가 3사분면에 있을 때

4) $\sin\theta = -\dfrac{5}{13}$ 이고 θ가 4사분면에 있을 때

계산 문제 4-6)
다음과 같을 때 $\cos\theta$와 $\tan\theta$를 구하시오.

1) $\sin\theta = \dfrac{12}{13}$ 이고 θ가 1사분면에 있을 때

2) $\sin\theta = \dfrac{12}{13}$ 이고 θ가 2사분면에 있을 때

3) $\sin\theta = -\dfrac{12}{13}$ 이고 θ가 3사분면에 있을 때

4) $\sin\theta = -\dfrac{12}{13}$ 이고 θ가 4사분면에 있을 때

계산 문제 4-7)
다음과 같을 때 $\cos\theta$와 $\tan\theta$를 구하시오.

1) $\sin\theta = \dfrac{8}{17}$ 이고 θ가 1사분면에 있을 때

2) $\sin\theta = \dfrac{8}{17}$ 이고 θ가 2사분면에 있을 때

3) $\sin\theta = -\dfrac{8}{17}$ 이고 θ가 3사분면에 있을 때

4) $\sin\theta = -\dfrac{8}{17}$ 이고 θ가 4사분면에 있을 때

계산 문제 4-8)

다음과 같을 때 $\cos\theta$와 $\tan\theta$를 구하시오.

1) $\sin\theta = \dfrac{15}{17}$ 이고 θ가 1사분면에 있을 때

2) $\sin\theta = \dfrac{15}{17}$ 이고 θ가 2사분면에 있을 때

3) $\sin\theta = -\dfrac{15}{17}$ 이고 θ가 3사분면에 있을 때

4) $\sin\theta = -\dfrac{15}{17}$ 이고 θ가 4사분면에 있을 때

4-3) 여현 값이 주어진 경우 (when $\cos\theta$ is given)

4-3-1) $\sin\theta$를 구안다.

제곱 관계에서 c. $\sin^2\theta + \cos^2\theta = 1$
위 식을 $\sin\theta$에 대해서 정리하면
$\sin\theta = \pm\sqrt{1-\cos^2\theta}$
1,2분면에 있을 때는 +
3,4분면에 있을 때는 -

4-3-2) $\tan\theta$를 구안다.

상제 관계에 의해서 $\tan\theta$를 구한다.
 d. $\quad \tan\theta = \dfrac{\sin\theta}{\cos\theta}$

계산 문제 4-9)
다음과 같을 때 $\sin\theta$와 $\tan\theta$를 구하시오.

1) $\cos\theta = \dfrac{4}{5}$이고 θ가 1사분면에 있을 때

2) $\cos\theta = -\dfrac{4}{5}$이고 θ가 2사분면에 있을 때

3) $\cos\theta = -\dfrac{4}{5}$이고 θ가 3사분면에 있을 때

4) $\cos\theta = \dfrac{4}{5}$ 이고 θ가 4사분면에 있을 때

계산 문제 4-10)
다음과 같을 때 $\sin\theta$와 $\tan\theta$를 구하시오.

1) $\cos\theta = \dfrac{3}{5}$이고 θ가 1사분면에 있을 때

2) $\cos\theta = -\dfrac{3}{5}$이고 θ가 2사분면에 있을 때

3) $\cos\theta = -\dfrac{3}{5}$이고 θ가 3사분면에 있을 때

4) $\cos\theta = \dfrac{3}{5}$ 이고 θ가 4사분면에 있을 때

계산 문제 4-11)
다음과 같을 때 $\sin\theta$와 $\tan\theta$를 구하시오.

1) $\cos\theta = \dfrac{12}{13}$이고 θ가 1사분면에 있을 때

2) $\cos\theta = -\dfrac{12}{13}$이고 θ가 2사분면에 있을 때

3) $\cos\theta = -\dfrac{12}{13}$이고 θ가 3사분면에 있을 때

4) $\cos\theta = \dfrac{12}{13}$ 이고 θ가 4사분면에 있을 때

계산 문제 4-12)
다음과 같을 때 $\sin\theta$와 $\tan\theta$를 구하시오.

1) $\cos\theta = \dfrac{5}{13}$ 이고 θ가 1사분면에 있을 때

2) $\cos\theta = -\dfrac{5}{13}$ 이고 θ가 2사분면에 있을 때

3) $\cos\theta = -\dfrac{5}{13}$ 이고 θ가 3사분면에 있을 때

4) $\cos\theta = \dfrac{5}{13}$ 이고 θ가 4사분면에 있을 때

계산 문제 4-13)
다음과 같을 때 $\sin\theta$와 $\tan\theta$를 구하시오.

1) $\cos\theta = \dfrac{15}{17}$ 이고 θ가 1사분면에 있을 때

2) $\cos\theta = -\dfrac{15}{17}$ 이고 θ가 2사분면에 있을 때

3) $\cos\theta = -\dfrac{15}{17}$ 이고 θ가 3사분면에 있을 때

4) $\cos\theta = \dfrac{15}{17}$ 이고 θ가 4사분면에 있을 때

계산 문제 4-14)

다음과 같을 때 $\sin\theta$와 $\tan\theta$를 구하시오.

1) $\cos\theta = \dfrac{8}{17}$ 이고 θ가 1사분면에 있을 때

2) $\cos\theta = -\dfrac{8}{17}$ 이고 θ가 2사분면에 있을 때

3) $\cos\theta = -\dfrac{8}{17}$ 이고 θ가 3사분면에 있을 때

4) $\cos\theta = \dfrac{8}{17}$ 이고 θ가 4사분면에 있을 때

4-4) 정접 값이 주어진 경우(when $\tan\theta$ is given)

4-4-1) $\cos\theta$를 구안다.

제곱 관계에서 d. $\tan^2\theta + 1 = \sec^2\theta$

참고)
$$\cos\theta = \dfrac{1}{\sec\theta}$$

위 식을 $\cos\theta$에 대해서 정리하면
$$\cos\theta = \pm \dfrac{1}{\sqrt{1+\tan^2\theta}}$$
1,4분면에 있을 때는 +
2,3분면에 있을 때는 -

4-4-2) $\sin\theta$를 구안다.

상제 관계에 의해서 $\sin\theta$를 구한다.
$\sin\theta = \tan\theta\cos\theta$

계산 문제 4-15)
다음과 같을 때 $\cos\theta$와 $\sin\theta$를 구하시오.

1) $\tan\theta = \dfrac{3}{4}$ 이고 θ가 1사분면에 있을 때

2) $\tan\theta = -\dfrac{3}{4}$ 이고 θ가 2사분면에 있을 때

3) $\tan\theta = \dfrac{3}{4}$ 이고 θ가 3사분면에 있을 때

4) $\tan\theta = -\dfrac{3}{4}$ 이고 θ가 4사분면에 있을 때

계산 문제 4-16)
다음과 같을 때 $\cos\theta$와 $\sin\theta$를 구하시오.

1) $\tan\theta = \dfrac{4}{3}$ 이고 θ가 1사분면에 있을 때

2) $\tan\theta = -\dfrac{4}{3}$ 이고 θ가 2사분면에 있을 때

3) $\tan\theta = \dfrac{4}{3}$ 이고 θ가 3사분면에 있을 때

4) $\tan\theta = -\dfrac{4}{3}$ 이고 θ가 4사분면에 있을 때

계산 문제 4-17)
다음과 같을 때 $\cos\theta$와 $\sin\theta$를 구하시오.

1) $\tan\theta = \dfrac{5}{12}$ 이고 θ가 1사분면에 있을 때

2) $\tan\theta = -\dfrac{5}{12}$ 이고 θ가 2사분면에 있을 때

3) $\tan\theta = \dfrac{5}{12}$ 이고 θ가 3사분면에 있을 때

4) $\tan\theta = -\dfrac{5}{12}$ 이고 θ가 4사분면에 있을 때

계산 문제 4-18)
다음과 같을 때 $\cos\theta$와 $\sin\theta$를 구하시오.

1) $\tan\theta = \dfrac{12}{5}$ 이고 θ가 1사분면에 있을 때

2) $\tan\theta = -\dfrac{12}{5}$ 이고 θ가 2사분면에 있을 때

3) $\tan\theta = \dfrac{12}{5}$ 이고 θ가 3사분면에 있을 때

4) $\tan\theta = -\dfrac{12}{5}$ 이고 θ가 4사분면에 있을 때

계산 문제 4-19)
다음과 같을 때 $\cos\theta$와 $\sin\theta$를 구하시오.

1) $\tan\theta = \dfrac{8}{15}$ 이고 θ가 1사분면에 있을 때

2) $\tan\theta = -\dfrac{8}{15}$ 이고 θ가 2사분면에 있을 때

3) $\tan\theta = \dfrac{8}{15}$ 이고 θ가 3사분면에 있을 때

4) $\tan\theta = -\dfrac{8}{15}$이고 θ가 4사분면에 있을 때

계산 문제 4-20)
다음과 같을 때 $\cos\theta$와 $\sin\theta$를 구하시오.

1) $\tan\theta = \dfrac{15}{8}$이고 θ가 1사분면에 있을 때

2) $\tan\theta = -\dfrac{15}{8}$이고 θ가 2사분면에 있을 때

3) $\tan\theta = \dfrac{15}{8}$이고 θ가 3사분면에 있을 때

4) $\tan\theta = -\dfrac{15}{8}$이고 θ가 4사분면에 있을 때

제4장 다른 값(another value) - 공식 문제

공식 문제 4-1)
i) $\sin\theta, \cos\theta, \tan\theta$ 중 한 가지 삼각 함수 값 ii) 각 θ가 있는 분면
1) 본 장의 문제는 위 i)ii)를 알 때, 무엇을 구하는 문제인가?
2) i)만 알고 ii)를 모르는 경우
a. 은 알 수 있지만, b. 는 알 수 없다.
에서 a.와 b.는 무엇인가?
a.
b.

공식 문제 4-2)
상제 관계를 쓰시오.
1) $\tan\theta =$
2) $\sin\theta =$

공식 문제 4-3)
제곱 관계를 쓰시오.
1) $\sec^2\theta, \cos^2\theta$ 모두 안 들어가는 식
2) $\sec^2\theta$가 들어가는 식
3) $\cos^2\theta$가 들어가는 식

공식 문제 4-4)
정현값($\sin\theta$)을 알 때 다음 2단계에 의해서 $\cos\theta$와 $\tan\theta$를 구한다.
우변 식을 쓰시오.
1단계)
$\cos\theta =$

2단계)
$\tan\theta =$

공식 문제 4-5)
여현값($\cos\theta$)을 알 때 다음 2단계에 의해서 $\sin\theta$와 $\cos\theta$를 구한다.
우변 식을 쓰시오.
1단계)
$\sin\theta =$
2단계)
$\tan\theta =$

공식 문제 4-6)
정접값($\tan\theta$)을 알 때 다음 2단계에 의해서 $\cos\theta$와 $\sin\theta$를 구한다.
우변 식을 쓰시오.
1단계)
$\cos\theta =$
2단계)
$\sin\theta =$

제5장 덧셈 공식과 관련 공식 – 본문
(addition formula and related formula)

<목 차>

5-1) 덧셈 공식(addition formula)

5-2) 뺄셈 공식(subtraction formula)

5-3) 합성(composition)

5-4) 배각 공식(twice formula)

5-5) 3배각 공식(three times formula)

5-6) 반각 공식(half formula)

5-7) 합차를 곱으로 변환(from addition or subtraction to multiplication)

5-8) 곱을 합차로 변환(from multiplication to addition or subtraction)

5-1) 덧셈 공식(addition formula)

5-1-1) 정의

각이 합으로 표현된 경우 각각의 삼각 함수의 값으로 표현하는 방법이다.

본서에서는 다음 3개의 공식을 덧셈 공식이라 부르기로 한다.

a. $\sin(\alpha+\beta) = \sin\alpha\cos\beta + \cos\alpha\sin\beta$
b. $\cos(\alpha+\beta) = \cos\alpha\cos\beta - \sin\alpha\sin\beta$
c. $\tan(\alpha+\beta) = \dfrac{\tan\alpha + \tan\beta}{1 - \tan\alpha\tan\beta}$

5-1-2) 장점

a. 다음 값들을 구할 수 있다.
$$\sin\left(\frac{5}{12}\pi\right), \cos\left(\frac{5}{12}\pi\right), \tan\left(\frac{5}{12}\pi\right)$$
$$\sin\left(\frac{7}{12}\pi\right), \cos\left(\frac{7}{12}\pi\right), \tan\left(\frac{7}{12}\pi\right)$$

b. $\sin\alpha, \cos\alpha, \tan\alpha$ 중 하나와 $\sin\beta, \cos\beta, \tan\beta$ 중 하나를 알 경우 $\sin(\alpha+\beta), \cos(\alpha+\beta), \tan(\alpha+\beta)$의 값을 구할 수 있다.

증명 문제 5-1)

i) 오일러의 공식 $e^{\theta i} = \cos\theta + i\sin\theta$
ii) 지수 법칙 $e^{(\alpha+\beta)i} = e^{\alpha i} \times e^{\beta i}$

위 2가지를 알 때 다음 "덧셈 공식"을 증명하시오.

a. $\sin(\alpha+\beta) = \sin\alpha\cos\beta + \cos\alpha\sin\beta$
b. $\cos(\alpha+\beta) = \cos\alpha\cos\beta - \sin\alpha\sin\beta$

암시)
θ 대신 $\alpha+\beta$를 대입하고 지수 법칙 양변의 실수부와 허수부를 비교

증명 문제 5-2)
다음 덧셈 공식을 알 때
a. $\sin(\alpha+\beta) = \sin\alpha\cos\beta + \cos\alpha\sin\beta$
b. $\cos(\alpha+\beta) = \cos\alpha\cos\beta - \sin\alpha\sin\beta$

$\tan(\alpha+\beta) = \dfrac{\sin(\alpha+\beta)}{\cos(\alpha+\beta)}$ 을 이용하여 다음 "덧셈 공식"을 증명하시오.

$\tan(\alpha+\beta) = \dfrac{\tan\alpha + \tan\beta}{1 - \tan\alpha\tan\beta}$

계산 문제 5-1)
$\dfrac{\pi}{4} + \dfrac{\pi}{6} = \dfrac{5}{12}\pi$를 이용하여 다음 값을 구하시오.

1) $\sin\dfrac{5}{12}\pi$

2) $\cos\dfrac{5}{12}\pi$

3) $\tan\dfrac{5}{12}\pi$

계산 문제 5-2)

$\dfrac{\pi}{3} + \dfrac{\pi}{4} = \dfrac{7}{12}\pi$를 이용하여 다음 값을 구하시오.

1) $\sin \dfrac{7}{12}\pi$

2) $\cos \dfrac{7}{12}\pi$

3) $\tan \dfrac{7}{12}\pi$

계산 문제 5-3)

$\sin\alpha = \dfrac{4}{5}, \quad \sin\beta = \dfrac{3}{5}$이고

$0 < \alpha < \dfrac{\pi}{2}, \quad 0 < \beta < \dfrac{\pi}{2}$일 때

다음을 구하시오.
1) $\sin(\alpha + \beta)$
2) $\cos(\alpha + \beta)$
3) $\tan(\alpha + \beta)$

계산 문제 5-4)

$\cos\alpha = \dfrac{3}{5}, \quad \cos\beta = \dfrac{4}{5}$이고

$0 < \alpha < \dfrac{\pi}{2}, \quad 0 < \beta < \dfrac{\pi}{2}$일 때

다음을 구하시오.
1) $\sin(\alpha + \beta)$
2) $\cos(\alpha + \beta)$
3) $\tan(\alpha + \beta)$

계산 문제 5-5)
$\tan\alpha = 2,\quad \tan\beta = 1$이고
$0 < \alpha < \dfrac{\pi}{2},\quad 0 < \beta < \dfrac{\pi}{2}$일 때
다음을 구하시오.
1) $\sin(\alpha+\beta)$
2) $\cos(\alpha+\beta)$
3) $\tan(\alpha+\beta)$

5-2) 뺄셈 공식(subtraction formula)

대부분의 다른 책에서는 이 공식도 덧셈 공식이라고 부르나, 본서에서는 삼각함수 안에 있는 값이 뺄셈이므로 뺄셈 공식이라고 부르기로 한다.

5-2-1) 정의
각이 차로 표현된 경우 각각의 삼각 함수의 값으로 표현하는 방법이다.
본서에서는 다음 3개의 공식을 뺄셈 공식이라 부르기로 한다.

a. $\sin(\alpha-\beta) = \sin\alpha\cos\beta - \cos\alpha\sin\beta$
b. $\cos(\alpha-\beta) = \cos\alpha\cos\beta + \sin\alpha\sin\beta$
c. $\tan(\alpha-\beta) = \dfrac{\tan\alpha - \tan\beta}{1 - \tan\alpha\tan\beta}$

5-2-2) 장점
a. 다음 값들을 구할 수 있다.

$$\sin\left(\frac{\pi}{12}\right), \quad \cos\left(\frac{\pi}{12}\right), \quad \tan\left(\frac{\pi}{12}\right)$$

$$\sin\left(\frac{11}{12}\pi\right), \quad \cos\left(\frac{11}{12}\pi\right), \quad \tan\left(\frac{11}{12}\pi\right)$$

b. $\sin\alpha, \cos\alpha, \tan\alpha$ 중 하나와 $\sin\beta, \cos\beta, \tan\beta$ 중 하나를 알 경우 $\sin(\alpha-\beta), \cos(\alpha-\beta), \tan(\alpha-\beta)$의 값을 구할 수 있다.

증명 문제 5-3)~5-5)의 암시
덧셈 공식에 β 대신 $-\beta$를 대입하면 된다.

증명 문제 5-3)
다음 덧셈 공식을 알 때
a. $\sin(\alpha+\beta) = \sin\alpha\cos\beta + \cos\alpha\sin\beta$

다음 뺄셈 공식을 증명하시오.
a. $\sin(\alpha-\beta) = \sin\alpha\cos\beta - \cos\alpha\sin\beta$

암시)
sin 함수가 기함수임을 이용

증명 문제 5-4)
다음 덧셈 공식을 알 때
b. $\cos(\alpha+\beta) = \cos\alpha\cos\beta - \sin\alpha\sin\beta$

다음 뺄셈 공식을 증명하시오.
b. $\cos(\alpha-\beta) = \cos\alpha\cos\beta + \sin\alpha\sin\beta$

암시)
sin 함수가 기함수임을 이용

증명 문제 5-5)
다음 덧셈 공식을 알 때
c.$\tan(\alpha+\beta) = \dfrac{\tan\alpha+\tan\beta}{1-\tan\alpha\tan\beta}$

다음 뺄셈 공식을 증명하시오.
c.$\tan(\alpha-\beta) = \dfrac{\tan\alpha-\tan\beta}{1-\tan\alpha\tan\beta}$12

암시)
tan 함수가 기함수임을 이용

계산 문제 5-6)
$\dfrac{\pi}{4} - \dfrac{\pi}{6} = \dfrac{\pi}{12}$를 이용하여 다음 값을 구하시오.

1) $\sin\dfrac{\pi}{12}$

2) $\cos\dfrac{\pi}{12}$

3) $\tan\dfrac{\pi}{12}$

계산 문제 5-7)
$\dfrac{\pi}{3} - \dfrac{\pi}{4} = \dfrac{\pi}{12}$를 이용하여 다음 값을 구하시오.

1) $\sin\dfrac{\pi}{12}$

2) $\cos\dfrac{\pi}{12}$

3) $\tan\dfrac{\pi}{12}$

계산 문제 5-8)
$\sin(\pi-\theta)=\sin\theta$
$\cos(\pi-\theta)=-\cos\theta$
$\tan(\pi-\theta)=-\tan\theta$
를 이용하여 다음 값을 구하시오.

1) $\sin\dfrac{11}{12}\pi$

2) $\cos\dfrac{11}{12}\pi$

3) $\tan\dfrac{11}{12}\pi$

계산 문제 5-9)
$\sin\alpha=\dfrac{4}{5}$, $\sin\beta=\dfrac{3}{5}$ 이고 $0<\alpha<\dfrac{\pi}{2}$, $0<\beta<\dfrac{\pi}{2}$ 일 때 다음을 구하시오.

1) $\sin(\alpha-\beta)$
2) $\cos(\alpha-\beta)$
3) $\tan(\alpha-\beta)$

계산 문제 5-10)

$\cos\alpha = \dfrac{3}{5}$, $\quad \cos\beta = \dfrac{4}{5}$ 이고 $0 < \alpha < \dfrac{\pi}{2}$, $\quad 0 < \beta < \dfrac{\pi}{2}$ 일 때 다음을 구하시오.

1) $\quad \sin(\alpha - \beta)$
2) $\quad \cos(\alpha - \beta)$
3) $\quad \tan(\alpha - \beta)$

계산 문제 5-11)

$\tan\alpha = 2$, $\tan\beta = 1$ 이고 $0 < \alpha < \dfrac{\pi}{2}$, $0 < \beta < \dfrac{\pi}{2}$ 일 때 다음을 구하시오.

1) $\quad \sin(\alpha - \beta)$
2) $\quad \cos(\alpha - \beta)$
3) $\quad \tan(\alpha - \beta)$

계산 문제 5-12)
다음 표의 빈칸을 채우시오.

호도법	60분법	sin	cos	tan
$\dfrac{\pi}{12}$	15도			
$\dfrac{5}{12}\pi$	75도			
$\dfrac{7}{12}\pi$	105도			
$\dfrac{11}{12}\pi$	165도			

5-3) 합성(composition)

5-3-1) 정의
$a\cos\theta + b\sin\theta$ (a와 b는 실수)를 다음 i)과 ii) 중 하나로 바꾸는 것
i) $r\sin(\theta+\alpha)$
ii) $r\cos(\theta-\beta)$
윗 식에서 $r>0$

5-3-2)
삼각 함수의 합성으로서 알 수 있는 것

$a\cos\theta + b\sin\theta$ (a와 b는 실수)
형태로 되어 있으면 알기 어려우나
i) $r\sin(\theta+\alpha)$
ii) $r\cos(\theta-\beta)$

위 i) 또는 ii) 중 하나로 되어 있으면 아래 값들을 알기 쉽다.

5-3-2-1) 최댓값과 최솟값

5-3-2-2)
특정한 값

5-3-3) 정현(sin)형태로 바꾸는 방법
a와 b는 실수, $r>0$
$a\cos\theta + b\sin\theta = r\sin(\theta+\alpha)$일 때

$$r = \sqrt{a^2 + b^2}$$

$$\sin\alpha = \frac{a}{r}$$

$$\cos\alpha = \frac{b}{r}$$

$$\tan\alpha = \frac{a}{b}$$

증명 방법은 다음 2가지가 있다.
i) 좌변 → 우변
장점 : ii)보다 활용 빈도가 높다.
ii) 우변 → 좌변
장점 : i)보다 계산이 쉽다.

합성을 하면 다음 값들을 알기 쉽다.

5-3-3-1) 최댓값 r

5-3-3-2) 최솟값 $-r$

5-3-3-3) 최댓값 r일 때의 위상 θ_X

$$\theta = \theta_X = 2n\pi + \frac{\pi}{2} - \alpha$$

5-3-3-4) 0일 때의 위상 θ_0

$$\theta = \theta_0 = n\pi - \alpha$$

5-3-3-5) 최솟값 $-r$일 때의 위상 θ_n

$\theta = \theta_n = 2n\pi - \dfrac{\pi}{2} - \alpha$

윗 식들에서 n은 정수이다.

증명 문제 5-6)
최댓값과 최솟값
a와 b는 실수, $r > 0$이고
$a\cos\theta + b\sin\theta = r\sin(\theta + \alpha)$일 때
1)   최댓값이 r임을 증명하시오.
2)   최솟값이 $-r$임을 증명하시오.

증명 문제 5-7)
특정한 값(최댓값 r, 0 최솟값 $-r$)일 때의 위상

a와 b는 실수, $r > 0$이고
$a\cos\theta + b\sin\theta = r\sin(\theta + \alpha)$일 때
다음에서 n은 정수
1)   최댓값 r일 때의 위상 θ_X

$\theta = \theta_X = 2n\pi + \dfrac{\pi}{2} - \alpha$임을 증명하시오.

2)   0일 때의 위상 θ_0

$\theta = \theta_0 = n\pi - \alpha$임을 증명하시오.

3)   최솟값 $-r$일 때의 위상 θ_n

$\theta = \theta_n = 2n\pi - \dfrac{\pi}{2} - \alpha$임을 증명하시오.

증명 문제 5-8)
a와 b는 실수, $r > 0$
$a\cos\theta + b\sin\theta = r\sin(\theta + \alpha)$일 때
$r = \sqrt{a^2 + b^2}$
$\sin\alpha = \dfrac{a}{r}, \qquad \cos\alpha = \dfrac{b}{r}, \qquad \tan\alpha = \dfrac{a}{b}$
임을 좌변 → 우변으로 증명하시오.

다음 3가지 과정으로 하면 된다.
1) 좌변을 '$r*$어떤 값'으로 바꾼다.
2) $\sin\alpha = \dfrac{a}{r}$과 $\cos\alpha = \dfrac{b}{r}$을 이용하여
   1)에서 구한 어떤 값에서
   a, b를 $\sin\alpha, \cos\alpha$로 바꾼다.
3) 덧셈 정리를 이용하여 우변과 같음을 보인다.

증명 문제 5-9)
a와 b는 실수, $r > 0$
$a\cos\theta + b\sin\theta = r\sin(\theta + \alpha)$일 때
$r = \sqrt{a^2 + b^2}$
$\sin\alpha = \dfrac{a}{r}, \qquad \cos\alpha = \dfrac{b}{r}, \qquad \tan\alpha = \dfrac{a}{b}$
임을 우변 → 좌변으로 증명하시오.

다음 3가지 과정으로 하면 된다.
1) $\sin(\theta + \alpha)$를 덧셈정리를 이용하여 전개한다.
2) $\sin\alpha = \dfrac{a}{r}$과 $\cos\alpha = \dfrac{b}{r}$을 이용하여 1)에서 구한 값에서
   $\sin\alpha, \cos\alpha$를 a, b로 바꾼다.

3)   2)에서 구한 값에 r을 곱해서 좌변과 같음을 보인다.

계산 문제 5-13)
다음을 $r\sin(\theta+\alpha)$ 형태로 바꾸었을 때 다음 (1)~(6)를 구하시오.
(1) $r\ (r>0)$
   참고로 이 값은 1),2),3),4) 전부 같다.
(2) $\sin\alpha, \cos\alpha, \tan\alpha$
(3)   최댓값, 최솟값
(4)   최댓값이 발생할 때의 위상 θ_X
(5)   0일 때의 위상 θ_0
(6)   최솟값이 발생할 때의 위상 θ_n

   1) $\sin\theta+\cos\theta$
   2) $\sin\theta-\cos\theta$
   3) $-\sin\theta+\cos\theta$
   4) $-\sin\theta-\cos\theta$

계산 문제 5-14)
다음을 $r\sin(\theta+\alpha)$ 형태로 바꾸었을 때 다음 (1)~(6)을 구하시오.
(1) $r\ (r>0)$
   참고로 이 값은 1)2)3)4) 전부 같다.
(2) $\sin\alpha, \cos\alpha, \tan\alpha$
(3)   최댓값, 최솟값
(4)   최댓값이 발생할 때의 위상 θ_X
(5)   0일 때의 위상 θ_0

(6) 최솟값이 발생할 때의 위상 θ_n

    1) $\sqrt{3}\sin\theta + \cos\theta$
    2) $\sqrt{3}\sin\theta - \cos\theta$
    3) $-\sqrt{3}\sin\theta + \cos\theta$
    4) $-\sqrt{3}\sin\theta - \cos\theta$

계산 문제 5-15)
다음을 $r\sin(\theta+\alpha)$ 형태로 바꾸었을 때 다음 (1)~(6)을 구하시오.

(1) $r \ (r>0)$
    참고로 이 값은 1)2)3)4) 전부 같다.
(2) $\sin\alpha, \cos\alpha, \tan\alpha$
(3)   최댓값, 최솟값
(4)   최댓값이 발생할 때의 위상 θ_X
(5)   0일 때의 위상 θ_0
(6)   최솟값이 발생할 때의 위상 θ_n

    1) $\sin\theta + \sqrt{3}\cos\theta$
    2) $\sin\theta - \sqrt{3}\cos\theta$
    3) $-\sin\theta + \sqrt{3}\cos\theta$
    4) $-\sin\theta - \sqrt{3}\cos\theta$

5-3-4) 여연(cos)형태로 바꾸는 방법

a와 b는 실수, $r>0$
$a\cos\theta + b\sin\theta = r\cos(\theta-\beta)$일 때
$r = \sqrt{a^2+b^2}$
$\sin\beta = \dfrac{b}{r}$

$$\cos\beta = \frac{a}{r}$$

$$\tan\beta = \frac{b}{a}$$

증명 방법은 다음 2가지가 있다.
i) 좌변 → 우변
장점 : ii)보다 활용 빈도가 높다.
ii) 우변 → 좌변
장점 : i)보다 계산이 쉽다.

합성을 하면 다음 값들을 알기 쉽다.

5-3-4-1) 최댓값 r

5-3-4-2) 최솟값 $-r$

5-3-4-3) 최댓값일 때의 위상 θ_X

$$\theta = \theta_X = 2n\pi + \beta$$

5-3-4-4) 0일 때의 위상 θ_0

$$\theta = \theta_0 = n\pi + \frac{\pi}{2} + \beta$$

5-3-4-5) 최솟값일 때의 위상 θ_n

$$\theta = \theta_n = 2n\pi + \pi + \beta$$

윗 식들에서 n은 정수이다.

증명 문제 5-10)
최댓값과 최솟값
a와 b는 실수, $r > 0$이고
$a\cos\theta + b\sin\theta = r\cos(\theta - \beta)$일 때
1) 최댓값이 r임을 증명하시오.
2) 최솟값이 $-r$임을 증명하시오.

증명 문제 5-11)
특정한 값(최댓값 r, 0 최솟값 $-r$)일 때의 위상

a와 b는 실수, $r > 0$이고
$a\cos\theta + b\sin\theta = r\cos(\theta - \beta)$일 때
다음에서 n은 정수
1) 최댓값 r일 때의 위상 θ_X
$\theta = \theta_X = 2n\pi + \beta$임을 증명하시오.
2) 0일 때의 위상 θ_0
$\theta = \theta_0 = n\pi + \dfrac{\pi}{2} + \beta$임을 증명하시오.
3) 최솟값 $-r$일 때의 위상 θ_n
$\theta = \theta_n = 2n\pi + \pi + \beta$임을 증명하시오.

증명 문제 5-12)
a와 b는 실수, $r > 0$
$a\cos\theta + b\sin\theta = r\cos(\theta - \beta)$일 때
$r = \sqrt{a^2 + b^2}$
$\sin\beta = \dfrac{b}{r}, \qquad \cos\beta = \dfrac{a}{r}, \qquad \tan\beta = \dfrac{b}{a}$
임을 좌변 → 우변으로 증명하시오.

다음 3가지 과정으로 하면 된다.
1)   좌변을 '$r*$어떤 값'으로 바꾼다.
2) $\sin\beta = \dfrac{b}{r}$과 $\cos\beta = \dfrac{a}{r}$을 이용하여 1)에서 구한 어떤 값에서 a, b를 $\sin\beta, \cos\beta$로 바꾼다.
3)   덧셈 정리를 이용하여 우변과 같음을 보인다.

증명 문제 5-13)

a와 b는 실수, $r > 0$
$a\cos\theta + b\sin\theta = r\cos(\theta - \beta)$일 때
$r = \sqrt{a^2 + b^2}$
$\sin\beta = \dfrac{b}{r}, \qquad \cos\beta = \dfrac{a}{r}, \qquad \tan\beta = \dfrac{b}{a}$
임을 좌변 → 우변으로 증명하시오.

다음 3가지 과정으로 하면 된다.
1) $\cos(\theta - \beta)$를 덧셈정리를 이용하여 전개한다.
2) $\sin\beta = \dfrac{b}{r}$과 $\cos\beta = \dfrac{a}{r}$을 이용하여 1)에서 구한 값에서 $\sin\beta, \cos\beta$를 a, b로 바꾼다.
3)   2)에서 구한 값에 r을 곱해서 좌변과 같음을 보인다.

계산 문제 5-16)

다음을 $r\cos(\theta - \beta)$형태로 바꾸었을 때 다음 (1)~(6)을 구하시오.
(1) r $(r > 0)$
        참고로 이 값은 1)2)3)4) 전부 같다.
(2) $\sin\alpha, \cos\alpha, \tan\alpha$
(3)   최댓값, 최솟값
(4)   최댓값이 발생할 때의 위상 θ_X

(5)　　0일 때의 위상 θ_0
(6)　　최솟값이 발생할 때의 위상 θ_n
　　　1) $\sin\theta + \cos\theta$
　　　2) $\sin\theta - \cos\theta$
　　　3) $-\sin\theta + \cos\theta$
　　　4) $-\sin\theta - \cos\theta$

계산 문제 5-17)
다음을 $r\cos(\theta - \beta)$형태로 바꾸었을 때 다음 (1)~(6)을 구하시오.
(1)　　$r\ (r > 0)$
　　　참고로 이 값은 1)2)3)4) 전부 같다.
(2)　　$\sin\alpha, \cos\alpha, \tan\alpha$
(3)　　최댓값, 최솟값
(4)　　최댓값이 발생할 때의 위상 θ_X
(5)　　0일 때의 위상 θ_0
(6)　　최솟값이 발생할 때의 위상 θ_n
　　　1) $\sqrt{3}\sin\theta + \cos\theta$
　　　2) $\sqrt{3}\sin\theta - \cos\theta$
　　　3) $-\sqrt{3}\sin\theta + \cos\theta$
　　　4) $-\sqrt{3}\sin\theta - \cos\theta$

계산 문제 5-18)
다음을 $r\cos(\theta - \beta)$형태로 바꾸었을 때 다음 (1)~(6)을 구하시오.
(1)　　$r\ (r > 0)$
　　　참고로 이 값은 1)2)3)4) 전부 같다.
(2)　　$\sin\alpha, \cos\alpha, \tan\alpha$
(3)　　최댓값, 최솟값

(4) 최댓값이 발생할 때의 위상 θ_X

(5) 0일 때의 위상 θ_0

(6) 최솟값이 발생할 때의 위상 θ_n

    1) $\sin\theta + \sqrt{3}\cos\theta$

    2) $\sin\theta - \sqrt{3}\cos\theta$

    3) $-\sin\theta + \sqrt{3}\cos\theta$

    4) $-\sin\theta - \sqrt{3}\cos\theta$

5-4) 배각 공식(twice formula)

5-4-1) 정의

어떤 값의 삼각함수값을 알고 있을 때 그 각의 두 배의 삼각함수값을 구하는 방법이다. 다음 3가지가 있다.

i) sin

$\sin 2\alpha = 2\sin\alpha\cos\alpha$

ii) cos

$\cos 2\alpha$는 다음 세 가지와 같다.

    1) $\cos^2\alpha - \sin^2\alpha$: 거의 이용되지 않음

    2) $2\cos^2\alpha - 1$: $\cos\alpha$를 알 때 주로 이용

    3) $1 - 2\sin^2\alpha$: $\sin\alpha$를 알 때 주로 이용

iii) tan

$\tan 2\alpha = \dfrac{2\tan\alpha}{1-\tan^2\alpha}$

증명 문제 5-14~5-16)에 대한 암시)
덧셈 공식에서 β 대신 α를 대입

증명 문제 5-14)
다음 덧셈 공식을 알 때
a. $\sin(\alpha+\beta) = \sin\alpha\cos\beta + \cos\alpha\sin\beta$

다음 배각 공식을 증명하시오.
i) $\sin 2\alpha = 2\sin\alpha\cos\alpha$

증명 문제 5-15)
다음 덧셈 공식을 알 때
b. $\cos(\alpha+\beta) = \cos\alpha\cos\beta - \sin\alpha\sin\beta$

다음 배각 공식을 증명하시오.
$\cos 2\alpha = \cos^2\alpha - \sin^2\alpha$

증명 문제 5-16)
다음 덧셈 공식을 알 때
c. $\tan(\alpha+\beta) = \dfrac{\tan\alpha + \tan\beta}{1 - \tan\alpha\tan\beta}$

다음 배각 공식을 증명하시오.
iii) $\tan 2\alpha = \dfrac{2\tan\alpha}{1 - \tan^2\alpha}$

증명 문제 5-17)

$\cos 2\alpha = \cos^2\alpha - \sin^2\alpha$ 임을 알 때, 다음 배각 공식을 증명하시오.

1) $\quad \cos 2\alpha = 2\cos^2\alpha - 1$
2) $\quad \cos 2\alpha = 1 - 2\sin^2\alpha$

암시)

$\sin^2\alpha + \cos^2\alpha = 1$을 이용

5-4-2) 장점

$\sin\alpha, \cos\alpha, \tan\alpha$ 중 하나의 값을 알 경우
$\sin 2\alpha, \cos 2\alpha, \tan 2\alpha$의 값을 구할 수 있다.

계산 문제 5-19)

$\sin\alpha$가 다음과 같고 $0 < \alpha < \dfrac{\pi}{2}$일 때

$\sin 2\alpha$, $\cos 2\alpha$, $\tan 2\alpha$의 값을 구하시오.

1) $\sin\alpha = \dfrac{1}{2}$

2) $\sin\alpha = \dfrac{\sqrt{2}}{2}$

3) $\sin\alpha = \dfrac{\sqrt{3}}{2}$

4) $\sin\alpha = \dfrac{3}{5}$

5) $\sin\alpha = \dfrac{4}{5}$

6) $\sin\alpha = \dfrac{5}{13}$

7) $\sin\alpha = \dfrac{12}{13}$

8) $\sin\alpha = \dfrac{8}{17}$

9) $\sin\alpha = \dfrac{15}{17}$

계산 문제 5-20)

$\cos\alpha$가 다음과 같고 $0 < \alpha < \dfrac{\pi}{2}$일 때 $\sin 2\alpha$, $\cos 2\alpha$, $\tan 2\alpha$의 값을 구하시오.

1) $\cos\alpha = \dfrac{1}{2}$

2) $\cos\alpha = \dfrac{\sqrt{2}}{2}$

3) $\cos\alpha = \dfrac{\sqrt{3}}{2}$

4) $\cos\alpha = \dfrac{3}{5}$

5) $\cos\alpha = \dfrac{4}{5}$

6) $\cos\alpha = \dfrac{5}{13}$

7) $\cos\alpha = \dfrac{12}{13}$

8) $\cos\alpha = \dfrac{8}{17}$

9) $\cos\alpha = \dfrac{15}{17}$

계산 문제 5-21)

$\tan\alpha$가 다음과 같고 $0 < \alpha < \dfrac{\pi}{2}$일 때 $\sin 2\alpha$, $\cos 2\alpha$, $\tan 2\alpha$의 값을 구하시오.

1) $\tan\alpha = \dfrac{\sqrt{3}}{3}$
2) $\tan\alpha = 1$
3) $\tan\alpha = \sqrt{3}$
4) $\tan\alpha = \dfrac{3}{4}$
5) $\tan\alpha = \dfrac{4}{3}$
6) $\tan\alpha = \dfrac{5}{12}$
7) $\tan\alpha = \dfrac{12}{5}$
8) $\tan\alpha = \dfrac{8}{15}$
9) $\tan\alpha = \dfrac{15}{8}$

5-5) 3배각 공식(three times formula)

5-5-1) 정의
어떤 값의 삼각함수값을 알고 있을 때 그 각의 세 배의 같은 삼각함수값을 구하는 방법이다.

i) sin
$$\sin 3\alpha = 3\sin\alpha - 4\sin^3\alpha$$
ii) cos
$$\cos 3\alpha = 4\cos^3\alpha - 3\cos\alpha$$
iii) tan
$$\tan 3\alpha = \frac{\tan\alpha(3-\tan^2\alpha)}{1-3\tan^2\alpha}$$

증명 문제 5-18~5-20)에 대한 암시)

i) 덧셈 공식에서 β 대신 2α를 대입
ii) $\sin^2\alpha + \cos^2\alpha = 1$을 이용

증명 문제 5-18)
다음 덧셈 공식을 알 때
a. $\quad \sin(\alpha+\beta) = \sin\alpha\cos\beta + \cos\alpha\sin\beta$

다음 3배각 공식을 증명하시오.
i) $\quad \sin 3\alpha = 3\sin\alpha - 4\sin^3\alpha$

증명 문제 5-19)
다음 덧셈 공식을 알 때

b. $\quad \cos(\alpha+\beta) = \cos\alpha\cos\beta - \sin\alpha\sin\beta$

다음 3배각 공식을 증명하시오.

ii) $\quad \cos 3\alpha = 4\cos^3\alpha - 3\cos\alpha$

증명 문제 5-20)
다음 덧셈 공식을 알 때

c. $\quad \tan(\alpha+\beta) = \dfrac{\tan\alpha + \tan\beta}{1 - \tan\alpha\tan\beta}$

다음 3배각 공식을 증명하시오.

iii) $\tan 3\alpha = \dfrac{\tan\alpha(3 - \tan^2\alpha)}{1 - 3\tan^2\alpha}$

5-5-2) 장점

$\sin\alpha, \cos\alpha, \tan\alpha$ 중 하나의 값을 알 경우 $\sin 3\alpha, \cos 3\alpha, \tan 3\alpha$의 값을 구할 수 있다.

계산 문제 5-22)

$\sin\alpha$가 다음과 같고 $0 < \alpha < \dfrac{\pi}{2}$일 때 $\sin 3\alpha$의 값을 구하시오.

1) $\sin\alpha = \dfrac{1}{2}$

2) $\sin\alpha = \dfrac{\sqrt{2}}{2}$

3) $\sin\alpha = \dfrac{\sqrt{3}}{2}$

4) $\sin\alpha = \dfrac{3}{5}$

5) $\sin\alpha = \dfrac{4}{5}$

6) $\sin\alpha = \dfrac{5}{13}$

7) $\sin\alpha = \dfrac{12}{13}$

8) $\sin\alpha = \dfrac{8}{17}$

9) $\sin\alpha = \dfrac{15}{17}$

계산 문제 5-23)

$\cos\alpha$가 다음과 같고 $0 < \alpha < \dfrac{\pi}{2}$일 때 $\cos 3\alpha$의 값을 구하시오.

1) $\cos\alpha = \dfrac{1}{2}$

2) $\cos\alpha = \dfrac{\sqrt{2}}{2}$

3) $\cos\alpha = \dfrac{\sqrt{3}}{2}$

4) $\cos\alpha = \dfrac{3}{5}$

5) $\cos\alpha = \dfrac{4}{5}$

6) $\cos\alpha = \dfrac{5}{13}$

7) $\cos\alpha = \dfrac{12}{13}$

8) $\cos\alpha = \dfrac{8}{17}$

9) $\cos\alpha = \dfrac{15}{17}$

계산 문제 5-24)

$\tan\alpha$가 다음과 같고 $0 < \alpha < \dfrac{\pi}{2}$일 때 $\tan 3\alpha$의 값을 구하시오.

1) $\tan\alpha = \dfrac{\sqrt{3}}{3}$

2) $\tan\alpha = 1$

3) $\tan\alpha = \sqrt{3}$

4) $\tan\alpha = \dfrac{3}{4}$

5) $\tan\alpha = \dfrac{4}{3}$

6) $\tan\alpha = \dfrac{5}{12}$

7) $\tan\alpha = \dfrac{12}{5}$

8) $\tan\alpha = \dfrac{8}{15}$

9) $\tan\alpha = \dfrac{15}{8}$

5-6) 반각 공식(half formula)

5-6-1) 정의
어떤 각의 cos값을 알고 있을 때 그 각의 반의 삼각함수값을 구하는 방법이다.

i) sin
$$\sin^2\frac{\alpha}{2} = \frac{1-\cos\alpha}{2}$$

ii) cos
$$\cos^2\frac{\alpha}{2} = \frac{1+\cos\alpha}{2}$$

iii) tan
$$\tan^2\frac{\alpha}{2} = \frac{1-\cos\alpha}{1+\cos\alpha}$$

증명 문제 5-21)~5-23)에 대한 암시

i) 배각 공식에서 α 대신 $\frac{\alpha}{2}$를 대입

ii) $\sin^2\frac{\alpha}{2}$와 $\cos^2\frac{\alpha}{2}$에 대해서 정리

증명 문제 5-21)
cos에 대한 다음 배각 공식을 알 때
1) $\cos2\alpha = 1 - 2\sin^2\alpha$

다음 반각 공식을 증명하시오.
2) $\sin^2\frac{\alpha}{2} = \frac{1-\cos\alpha}{2}$

증명 문제 5-22)

cos에 대한 다음 배각 공식을 알 때

1) $\cos 2\alpha = 2\cos^2\alpha - 1$

다음 반각 공식을 증명하시오.

2) $\cos^2\dfrac{\alpha}{2} = \dfrac{1+\cos\alpha}{2}$

증명 문제 5-23)

다음 반각 공식을 알 때

1) $\sin^2\dfrac{\alpha}{2} = \dfrac{1-\cos\alpha}{2}$

2) $\cos^2\dfrac{\alpha}{2} = \dfrac{1+\cos\alpha}{2}$

다음 반각 공식을 증명하시오.

3) $\tan^2\dfrac{\alpha}{2} = \dfrac{1-\cos\alpha}{1+\cos\alpha}$

암시)

$\tan^2\dfrac{\alpha}{2} = \dfrac{\sin^2\dfrac{\alpha}{2}}{\cos^2\dfrac{\alpha}{2}}$ 을 이용

5-6-2) 장점

$\cos\alpha$의 값을 알 때

$\sin^2\dfrac{\alpha}{2}$, $\cos^2\dfrac{\alpha}{2}$, $\tan^2\dfrac{\alpha}{2}$의 값을 구할 수 있다.

계산 문제 5-25)

반각 공식에 $\alpha = \dfrac{\pi}{6}$을 대입하여 다음 값을 구하시오.

1) $\sin\dfrac{\pi}{12}$

2) $\cos\dfrac{\pi}{12}$

3) $\tan\dfrac{\pi}{12}$

계산 문제 5-26)

반각 공식에 $\alpha = \dfrac{\pi}{4}$을 대입하여 다음 값을 구하시오.

1) $\sin\dfrac{\pi}{8}$

2) $\cos\dfrac{\pi}{8}$

3) $\tan\dfrac{\pi}{8}$

계산 문제 5-27)

반각 공식에 $\alpha = \dfrac{\pi}{12}$을 대입하여 다음 값을 구하시오.

1) $\sin\dfrac{\pi}{24}$

2) $\cos\dfrac{\pi}{24}$

3) $\tan\dfrac{\pi}{24}$

계산 문제 5-28)

반각 공식에 $\alpha = \dfrac{\pi}{8}$을 대입하여 다음 값을 구하시오.

1) $\sin\dfrac{\pi}{16}$

2) $\cos\dfrac{\pi}{16}$

3) $\tan\dfrac{\pi}{16}$

계산 문제 5-29)

계산 문제 5-25~28을 참고하여 다음 표의 빈 칸을 채우시오.

호도법	60분법	sin	cos	tan
$\dfrac{\pi}{24}$	7.5도			
$\dfrac{\pi}{16}$	11.25도			
$\dfrac{\pi}{12}$	15도			
$\dfrac{\pi}{8}$	22.5도			

계산 문제 5-30)

$\cos\alpha$가 다음과 같고

$0 < \alpha < \dfrac{\pi}{2}$일 때 $\sin^2\dfrac{\alpha}{2}, \cos^2\dfrac{\alpha}{2}, \tan^2\dfrac{\alpha}{2}$의

값을 구하시오.

1) $\cos\alpha = \dfrac{1}{2}$

2) $\cos\alpha = \dfrac{\sqrt{2}}{2}$

3) $\cos\alpha = \dfrac{\sqrt{3}}{2}$

4) $\cos\alpha = \dfrac{3}{5}$

5) $\cos\alpha = \dfrac{4}{5}$

6) $\cos\alpha = \dfrac{5}{13}$

7) $\cos\alpha = \dfrac{12}{13}$

8) $\cos\alpha = \dfrac{8}{17}$

9) $\cos\alpha = \dfrac{15}{17}$

5-7) 곱을 합, 차로 변환
(from multiplication to addition or subtraction)

5-7-1) 정의

sin과 cos 중 2개의 곱으로 구성되어 있는 식을 sin들만의 또는 cos들만의 합이나 차로 변환하는 공식이다.

a) $\sin\alpha\cos\beta$ 또는 $\cos\alpha\sin\beta$
이 경우 sin들의 합 또는 차가 된다.

a1) $\sin\alpha\cos\beta = \dfrac{1}{2}[\sin(\alpha+\beta) + \sin(\alpha-\beta)]$

a2) $\cos\alpha\sin\beta = \dfrac{1}{2}[\sin(\alpha+\beta) - \sin(\alpha-\beta)]$

b) $\cos\alpha\cos\beta$ 또는 $\sin\alpha\sin\beta$
이 경우 cos들의 합 또는 차가 된다.

b1) $\cos\alpha\cos\beta = \dfrac{1}{2}[\cos(\alpha+\beta) + \cos(\alpha-\beta)]$

b2) $\sin\alpha\sin\beta = -\dfrac{1}{2}[\cos(\alpha+\beta) - \cos(\alpha-\beta)]$

5-7-2) 장점
좌변보다 우변의 적분이 쉬우므로, 피적분함수가
$\sin\alpha\sin\beta, \cos\alpha\cos\beta, \sin\alpha\cos\beta, \cos\alpha\sin\beta$
중 한 가지인 경우
합 또는 차로 바꾸어 쉽게 적분할 수 있다.

5-7-3) α와 β의 대소 관계
이 공식을 이용할 때 $\alpha > \beta$인 것이 계산하는 것이 쉽다.
왜냐하면, 그래야 각 $\alpha - \beta$가 0보다 크기 때문이다.

증명 문제 5-24)
다음 덧셈 공식과
a. $\sin(\alpha+\beta) = \sin\alpha\cos\beta + \cos\alpha\sin\beta$

다음 뺄셈 공식을 알 때
a. $\sin(\alpha-\beta) = \sin\alpha\cos\beta - \cos\alpha\sin\beta$

다음 곱을 합차로 변환하는 공식을 증명하시오.
a1) $\sin\alpha\cos\beta = \dfrac{1}{2}[\sin(\alpha+\beta) + \sin(\alpha-\beta)]$

암시)
i) 덧셈 공식과 뺄셈 공식을 더한다.
ii) 좌변과 우변을 바꾼다.

증명 문제 5-25)
다음 덧셈 공식과
a. $\sin(\alpha+\beta) = \sin\alpha\cos\beta + \cos\alpha\sin\beta$

다음 뺄셈 공식을 알 때
a. $\sin(\alpha-\beta) = \sin\alpha\cos\beta - \cos\alpha\sin\beta$

다음 곱을 합차로 변환하는 공식을 증명하시오.
a2) $\cos\alpha\sin\beta = \dfrac{1}{2}[\sin(\alpha+\beta) - \sin(\alpha-\beta)]$

암시)
i) 덧셈 공식에서 뺄셈 공식을 뺀다.
ii) 좌변과 우변을 바꾼다.

증명 문제 5-26)
다음 덧셈 공식과
b. $\cos(\alpha+\beta) = \cos\alpha\cos\beta - \sin\alpha\sin\beta$

다음 뺄셈 공식을 알 때
b.$\cos(\alpha-\beta) = \cos\alpha\cos\beta + \sin\alpha\sin\beta$

다음 곱을 합차로 변환하는 공식을 증명하시오.
b1) $\cos\alpha\cos\beta = \dfrac{1}{2}[\cos(\alpha+\beta) + \cos(\alpha-\beta)]$

암시)
i) 덧셈 공식과 뺄셈 공식을 더한다.
ii) 좌변과 우변을 바꾼다.

증명 문제 5-27)
다음 덧셈 공식과
b.$\cos(\alpha+\beta) = \cos\alpha\cos\beta - \sin\alpha\sin\beta$

다음 뺄셈 공식을 알 때
b.$\cos(\alpha-\beta) = \cos\alpha\cos\beta + \sin\alpha\sin\beta$

다음 곱을 합차로 변환하는 공식을 증명하시오.
b2) $\sin\alpha\sin\beta = -\dfrac{1}{2}[\cos(\alpha+\beta) - \cos(\alpha-\beta)]$

암시)
i) 덧셈 공식에서 뺄셈 공식을 뺀다.
ii) 좌변과 우변을 바꾼다.

계산 문제 5-31)

$\alpha = \dfrac{5}{24}\pi, \qquad \beta = \dfrac{\pi}{24}$ 일 때

곱을 합차로 변환하는 공식에 의해서 다음을 계산하시오.

1) $\alpha + \beta$
2) $\alpha - \beta$

3) $\sin\alpha\cos\beta$
4) $\cos\alpha\sin\beta$

5) $\cos\alpha\cos\beta$
6) $\sin\alpha\sin\beta$

계산 문제 5-32)

$\alpha = \dfrac{7}{24}\pi, \qquad \beta = \dfrac{\pi}{24}$ 일 때

곱을 합차로 변환하는 공식에 의해서 다음을 계산하시오.

1) $\alpha + \beta$
2) $\alpha - \beta$

3) $\sin\alpha\cos\beta$
4) $\cos\alpha\sin\beta$

5) $\cos\alpha\cos\beta$
6) $\sin\alpha\sin\beta$

5-8) 합, 차를 곱으로 변환
(from addition or subtraction multiplication)

5-8-1) 정의
sin과 sin 또는 cos과 cos의 합 또는 차로 구성되어 있는 식을 sin과 cos의 곱으로 변환하는 공식이다.

a) sin과 sin의 합 또는 차

a1) $\sin A + \sin B = 2\sin\dfrac{A+B}{2}\cos\dfrac{A-B}{2}$

a2) $\sin A - \sin B = 2\cos\dfrac{A+B}{2}\sin\dfrac{A-B}{2}$

b) cos와 cos의 합 또는 차

b1) $\cos A + \cos B = 2\cos\dfrac{A+B}{2}\cos\dfrac{A-B}{2}$

b2) $\cos A - \cos B = -2\sin\dfrac{A+B}{2}\sin\dfrac{A-B}{2}$

5-8-2) A와 B의 대소 관계
이 공식을 이용할 때 $A > B$인 것이 계산하는 것이 쉽다.
왜냐하면, 그래야 각 $A - B$가 0보다 크기 때문이다.

증명 문제 5-28)
곱을 합차로 변환하는 다음 공식을 알 때

a1) $\sin\alpha\cos\beta = \dfrac{1}{2}[\sin(\alpha+\beta) + \sin(\alpha-\beta)]$

다음 합차를 곱으로 변환하는 공식을 증명하시오.

a1) $\sin A + \sin B = 2\sin\dfrac{A+B}{2}\cos\dfrac{A-B}{2}$

증명은 다음 2과정으로 구성된다.
a) 곱을 합차로 변환하는 공식에서
$\alpha = \dfrac{A+B}{2},\qquad \beta = \dfrac{A-B}{2}$를 대입
b) 좌변과 우변을 바꾼다.

증명 문제 5-29)
곱을 합차로 변환하는 다음 공식을 알 때

a2) $\cos\alpha\sin\beta = \dfrac{1}{2}[\sin(\alpha+\beta) - \sin(\alpha-\beta)]$

다음 합, 차를 곱으로 변환하는 공식을 증명하시오.

a2) $\sin A - \sin B = 2\cos\dfrac{A+B}{2}\sin\dfrac{A-B}{2}$

증명은 다음 2과정으로 구성된다.
a) 곱을 합차로 변환하는 공식에서
$\alpha = \dfrac{A+B}{2},\qquad \beta = \dfrac{A-B}{2}$를 대입
b) 좌변과 우변을 바꾼다.

증명 문제 5-30)
곱을 합차로 변환하는 다음 공식을 알 때

b1) $\cos\alpha\cos\beta = \dfrac{1}{2}[\cos(\alpha+\beta) + \cos(\alpha-\beta)]$

다음 합, 차를 곱으로 변환하는 공식을 증명하시오.

b1) $\cos A + \cos B = 2\cos\dfrac{A+B}{2}\cos\dfrac{A-B}{2}$

증명은 다음 2과정으로 구성된다.
a) 곱을 합차로 변환하는 공식에서
$\alpha = \dfrac{A+B}{2}$, $\beta = \dfrac{A-B}{2}$를 대입
b) 좌변과 우변을 바꾼다.

증명 문제 5-31)
곱을 합차로 변환하는 다음 공식을 알 때

b2) $\sin\alpha\sin\beta = -\dfrac{1}{2}[\cos(\alpha+\beta) - \cos(\alpha-\beta)]$

다음 합, 차를 곱으로 변환하는 공식을 증명하시오.

$\cos A - \cos B = -2\sin\dfrac{A+B}{2}\sin\dfrac{A-B}{2}$

증명은 다음 2과정으로 구성된다.
a) 곱을 합차로 변환하는 공식에서
$\alpha = \dfrac{A+B}{2}$, $\beta = \dfrac{A-B}{2}$를 대입
b) 좌변과 우변을 바꾼다.

계산 문제 5-33)
$A = \dfrac{5}{12}\pi$, $B = \dfrac{\pi}{12}$일 때
합, 차를 곱으로 변환하는 공식에 의해서 다음을 계산하시오.

1) $\dfrac{A+B}{2}$

2) $\dfrac{A-B}{2}$

3) $\sin A + \sin B$
4) $\sin A - \sin B$

5) $\cos A + \cos B$
6) $\cos A - \cos B$

계산 문제 5-34)

$A = \dfrac{7}{12}\pi, \qquad B = \dfrac{\pi}{12}$ 일 때

합, 차를 곱으로 변환하는 공식에 의해서 다음을 계산하시오.

1) $\dfrac{A+B}{2}$

2) $\dfrac{A-B}{2}$

3) $\sin A + \sin B$
4) $\sin A - \sin B$

5) $\cos A + \cos B$
6) $\cos A - \cos B$

에듀컨텐츠·휴피아
CH Educontents Huepia

제5장 덧셈 공식과 관련 공식 - 공식 문제
(addition formula and related formula)

다음 공식을 쓰시오.

공식 문제 5-1)
덧셈 공식

a. $\sin(\alpha+\beta) =$
b. $\cos(\alpha+\beta) =$
c. $\tan(\alpha+\beta) =$

공식 문제 5-2)
뺄셈 공식

a. $\sin(\alpha-\beta) =$
b. $\cos(\alpha-\beta) =$
c. $\tan(\alpha-\beta) =$

공식 문제 5-3)
합성 1 - sin
$a\cos\theta + b\sin\theta = r\sin(\theta+\alpha)$ 일 때

a. $r =$
b. $\sin\alpha =$
c. $\cos\alpha =$
d. $\tan\alpha =$

공식 문제 5-4)
합성 2 - cos
$a\cos\theta + b\sin\theta = r\cos(\theta - \beta)$일 때

a. $r =$
b. $\sin\beta =$
c. $\cos\beta =$
d. $\tan\beta =$

공식 문제 5-5)
배각 공식 1 - sin과 tan

a. $\sin 2\alpha =$
b. $\tan 2\alpha =$

공식 문제 5-6)
배각 공식 2 - cos

$\cos 2\alpha =$

a. 거의 이용되지 않는 공식
b. $\cos\alpha$를 알 때 주로 이용
c. $\sin\alpha$를 알 때 주로 이용

공식 문제 5-7)
삼배각 공식

a. $\sin 3\alpha =$

b. $\cos 3\alpha =$

c. $\tan 3\alpha =$

공식 문제 5-8)
반각 공식

a. $\sin^2 \dfrac{\alpha}{2} =$

b. $\cos^2 \dfrac{\alpha}{2} =$

c. $\tan^2 \dfrac{\alpha}{2} =$

공식 문제 5-9)
곱을 합차로 변환

a. $\sin\alpha\cos\beta =$

b. $\cos\alpha\sin\beta =$

c. $\cos\alpha\cos\beta =$

d. $\sin\alpha\sin\beta =$

공식 문제 5-10)
합차를 곱으로 변환

a. $\sin A + \sin B =$

b. $\sin A - \sin B =$

c. $\cos A + \cos B =$

d. $\cos A - \cos B =$

에듀컨텐츠·휴피아
CH Educontents Huepia

제6장 삼각형(triangle)

<목 차>

6-1)　삼각형의 6요소(six elements of triangle)

6-2)　삼각형의 넓이(면적)(area of triangle)

6-3)　삼각형의 해법(methods of solving triangle)

6-4)　정현 법칙(sine law)

6-5)　제2여현 법칙(second cosine law)

6-1) 삼각형의 6요소(six elements of triangle)

6-1-1) 정의
삼각형 ABC에서 세 각 ∠A, ∠B, ∠C의 크기를 각각 A, B, C로 나타내고, 세 변 BC, CA, AB의 길이를 a, b, c로 나타낼 때 세 개의 각(A, B, C)과 세 개의 변(a, b, c)를 삼각형의 6요소라 한다.

참고)
삼각형 대신 △도 쓰기도 한다. 즉, 삼각형 ABC는 △ABC와 같다.

6-1-2) 세 각의 상관 관계
삼각형의 세 각의 합은 π이다. 다시 말하면 $A+B+C=\pi$

6-1-2-1) 두 각이 주어진 경우
위 관계식을 이용하여 나머지 한 각을 구할 수 있다.

6-1-2-2) 두 각이 주어진 것과 세 각이 주어진 경우의 차이
두 각이 주어진 경우 위 관계식을 이용해서 나머지 한 각을 구할 수 있으므로 거의 같다고 할 수 있다.

6-1-3) 최댓각의 크기에 의한 삼각형의 분류
최댓각과 $\frac{\pi}{2}$와의 대소에 따라 삼각형을 다음 3가지로 나눌 수 있다.

a.직각 삼각형: 최댓각이 $\frac{\pi}{2}$인 경우

b.예각 삼각형: 최댓각이 $\frac{\pi}{2}$보다 작은 경우

c.둔각 삼각형: 최댓각이 $\frac{\pi}{2}$보다 큰 경우

6-1-4)

본 장에서 주로 다루는 삼각형 본서에서는 삼각형의 세 각이 $\frac{\pi}{12}$ 의 배수가 되는 경우를 집중적으로 다루기로 한다.

이 경우가 계산이 쉽기 때문이다.

이 경우는 다음과 같이 전부 12가지가 된다.

a. 직각 삼각형 - 3가지
b. 예각 삼각형 - 3가지
c. 둔각 삼각형 - 6가지

각각의 경우를 알아보자.

삼각형 ABC에서 $\theta = \frac{\pi}{12}$ 라 하고,

$A = A'\theta, \qquad B = B'\theta, \qquad C = C'\theta$

(여기서 A', B', C' 는 자연수)인 경우를 알아보면 된다.

삼각형의 내각의 합은 π이므로 $A' + B' + C' = 12$가 된다.

6-1-4-1) 직각 삼각형

다음 3가지 경우가 존재한다.

본서에서는 제일 왼쪽의 이름으로 부르기로 한다.

이름	A'	B'	C'
직1	6	5	1
직2	6	4	2
직3	6	3	3

실제 각으로 표현하면 다음과 같다.

1 : $A = \dfrac{\pi}{2}$, $\qquad B = \dfrac{5}{12}\pi$, $\qquad C = \dfrac{\pi}{12}$

2 : $\quad A = \dfrac{\pi}{2}$, $\qquad B = \dfrac{\pi}{3}$, $\qquad C = \dfrac{\pi}{6}$

3 : $A = \dfrac{\pi}{2}$, $\qquad B = \dfrac{\pi}{4}$, $\qquad C = \dfrac{\pi}{4}$

3의 경우는 B와 C의 크기가 같으므로 이등변 삼각형이다.

계산 문제 6-1)

직각삼각형 ABC에서 삼각형의 세 각이 $\dfrac{\pi}{12}$의 배수가 되는 경우는 3가지이다.

$A = \dfrac{\pi}{2}$인 경우 다른 각의 크기를 쓰시오.

1)   직1 : $B=$ $C=$
2)   직2 : $B=$ $C=$
3)   직3 : $B=$ $C=$

6-1-4-2) 예각 삼각형

다음 3가지 경우가 존재한다.
본서에서는 제일 왼쪽의 이름으로 부르기로 한다.

이름	A′	B′	C′
예1	5	5	2
예2	5	4	3
예3	4	4	4

실제 각으로 표현하면 다음과 같다.

1 : $A=\frac{5}{12}\pi$, $B=\frac{5}{12}\pi$, $C=\frac{\pi}{6}$

2 : $A=\frac{5}{12}\pi$, $B=\frac{\pi}{3}$, $C=\frac{\pi}{4}$

3 : $A=\frac{\pi}{3}$, $B=\frac{\pi}{3}$, $C=\frac{\pi}{3}$

1의 경우는 A와 B의 크기가 같으므로 이등변 삼각형이다.
3의 경우는 A와 B와 C의 크기가 모두 같으므로 정삼각형이다.

계산 문제 6-2)

예각삼각형 ABC에서 삼각형의 세 각이 $\frac{\pi}{12}$의 배수가 되는 경우는 3가지이다.

$A \geq B \geq C$일 때 다음 각의 크기를 쓰시오.
1)   예1 : $A=B$인 경우
$A=$ $B=$ $C=$
2)   예2 : $A>B>C$인 경우
$A=$ $B=$ $C=$
3)   예3 : $A=B=C$인 경우
$A=$ $B=$ $C=$

6-1-4-3) 둔각 삼각형

다음 6가지 경우가 존재한다.

이름	A'	B'	C'
둔1	10	1	1
둔2	9	2	1
둔3	8	3	1
둔4	8	2	2
둔5	7	4	1
둔6	7	3	2

실제 각으로 표현하면 다음과 같다.

$1 : A = \dfrac{5}{6}\pi, \quad B = \dfrac{\pi}{12}, \quad C = \dfrac{\pi}{12}$

$2 : A = \dfrac{3}{4}\pi, \quad B = \dfrac{\pi}{6}, \quad C = \dfrac{\pi}{12}$

$3 : A = \dfrac{2}{3}\pi, \quad B = \dfrac{\pi}{4}, \quad C = \dfrac{\pi}{12}$

$4 : A = \dfrac{2}{3}\pi, \quad B = \dfrac{\pi}{6}, \quad C = \dfrac{\pi}{6}$

$5 : A = \dfrac{7}{12}\pi, \quad B = \dfrac{\pi}{3}, \quad C = \dfrac{\pi}{12}$

$6 : A = \dfrac{7}{12}\pi, \quad B = \dfrac{\pi}{4}, \quad C = \dfrac{\pi}{6}$

1의 경우와 4의 경우는 B와 C의 크기가 같으므로 이등변 삼각형이다.

계산 문제 6-3)

둔각삼각형 ABC에서 삼각형의 세 각이 $\frac{\pi}{12}$의 배수가 되는 경우는 6가지이다.

$A > \frac{\pi}{2}$이고 $A > B \geqq C$일 때 다음 각의 크기를 쓰시오.

1)   둔1 : $A=$ $B=$ $C=$

2)   둔2 : $A=$ $B=$ $C=$

3)   둔3 : $A=$ $B=$ $C=$

4)   둔4 : $A=$ $B=$ $C=$

5)   둔5 : $A=$ $B=$ $C=$

6)   둔6 : $A=$ $B=$ $C=$

6-1-5) 세 변의 상관 관계

가장 긴 변의 길이는 다른 두 변의 길이의 합보다 작다.
예를 들어, 삼각형 ABC의 세 변 a, b, c 중 가장 긴 변이 a
즉, $a > b$ 그리고 $a > c$이면, $a < b+c$이어야 한다.

계산 문제 6-4)

ΔABC에서 a, b가 다음과 같을 때 c의 범위를 구하시오.

1) $a=1, \; b=1$

2) $a=2, \; b=1$

3) $a=3, \quad b=1$
4) $a=4, \quad b=1$

5) $a=3, \quad b=2$
6) $a=4, \quad b=2$

7) $a=4, \quad b=3$
8) $a=5, \quad b=3$

6-2) 삼각형의 넓이(면적)(area of triangle)

본서에서는 다음과 같이 삼각형의 면적 S 구하는 3가지 방법을 소개한다.

6-2-1) 밑변과 높이를 알 때
$S=$ 밑변 $*$ 높이 $/ 2$

계산 문제 6-5)
밑변이 4[m]이고, 높이가 3[m]인 삼각형의 넓이[m^2]를 구하시오.

6-2-2) 두 변과 사이각을 알 때
$$S = \frac{bc}{2} sinA = \frac{ca}{2} sinB = \frac{ab}{2} sinC$$

계산 문제 6-6)
두 변의 길이가 각각 2[m], 3[m]이며, 그 사이각이 다음과 같을 때 삼각형의 넓이[m^2]를 구하려고 한다.

다음 표의 빈 칸을 채우시오.

	사이각	sin사이각	넓이
1	$\dfrac{\pi}{12}$		
2	$\dfrac{\pi}{6}$		
3	$\dfrac{\pi}{4}$		
4	$\dfrac{\pi}{3}$		
5	$\dfrac{5}{12}\pi$		
6	$\dfrac{\pi}{2}$		
7	$\dfrac{7}{12}\pi$		
8	$\dfrac{2}{3}\pi$		
9	$\dfrac{3}{4}\pi$		
10	$\dfrac{5}{6}\pi$		
11	$\dfrac{11}{12}\pi$		

6-2-3) 세 변의 길이를 알 때

헤론의 공식이라 한다.

△ABC에서 세 변의 길이 a,b,c를 알 때 삼각형의 면적
$S = \sqrt{s(s-a)(s-b)(s-c)}$

여기서 $s = \dfrac{a+b+c}{2}$

위 공식을 이용하여 삼각형의 면적을 구할 때는 s를 구한 다음에 삼각형의 면적 S를 구하는 것이 편리하다.

계산 문제 6-7)

삼각형의 세 변의 길이가 다음과 같을 때 삼각형의 면적을 구하시오.

 1) 2, 3, 4
 2) 2, 4, 5
 3) 2, 5, 6
 4) 2, 6, 7

 5) 3, 4, 5
 6) 3, 4, 6
 7) 3, 5, 6
 8) 3, 5, 7
 9) 3, 6, 7
10) 3, 6, 8

11) 4, 5, 6
12) 4, 5, 7
13) 4, 5, 8

6-3) 삼각형의 해법(methods of solving triangle)

6-3-1) 정의
삼각형의 6요소 중 3개의 요소의 값이 주어졌을 때, 나머지 3개의 요소의 값을 구하는 것 '삼각형을 푼다'라고도 한다.

6-3-2) 다른 3가지 요소
삼각형을 풀 때 주어지지 않은 다른 3가지 요소는 다음 3가지 중 1가지로 정해진다.
a. 1가지
b. 0~2가지
c. 무한가지

6-3-3) 삼각형을 풀기 위한 공식
삼각형을 풀기 위해서는 다음 2가지 공식 중 1가지 공식 또는 2가지 공식이 보통 이용된다.
a. 정현 법칙(sine law)
b. 제2여현 법칙(second cosine law)

그리고 삼각형을 풀기 위해서는 다음 2가지가 필요하다.
i) 위 2가지 공식을 알아야 한다.
ii) 정현 법칙이 필요한 경우는 어떤 경우인지 제2여현 법칙이 필요한 경우는 어떤 경우인지 알아야 한다.

제1여현 법칙(first cosine law)을 이용해야 한다고 쓰여진 책도 있으나 그런 경우는 극히 드물다.
제1여현 법칙은 거의 공부할 필요가 없다고 저자는 생각한다.
그러므로, 본서에서는 제1여현 법칙은 공부하지 않는다.

제1여현 법칙이 거의 이용되지 않는 이유는 정현 법칙과 제2여현 법칙은 삼각형의 6요소 중 3개를 알 때 나머지 값을 구하는 방법인데 비하여 제1여현 법칙은 삼각형의 6요소 중 4개를 알 때 나머지 값을 구하는 법칙이기 때문이다.

6-3-4) 삼각형의 해법의 분류

삼각형의 해법은 다음과 같이 5가지로 분류할 수 있다.

다음에서 L은 각, S는 변을 의미한다.
1) 세 각을 아는 경우 LLL이라고 부르기로 한다.
2) 두 각과 한 변을 알 경우 LLS이라고 부르기로 한다.
3) 두 변과 사잇각이 아닌 각을 알 경우 LSS라고 부르기로 한다.
4) 두 변과 사잇각을 알 경우 SLS이라고 부르기로 한다.
5) 세 변을 아는 경우 SSS이라고 부르기로 한다.

6-3-4-1) 사용해야 하는 공식

6-3-4-1-1)
정현 공식을 사용해야 하는 경우 LLL, LLS, LSS 세 가지이다.

6-3-4-1-1)
제2여현 공식을 사용해야 하는 경우 SLS, SSS 두 가지이다.

6-3-4-2) 해의 개수

6-3-4-2-1) LLS, SLS, SSS
1가지로 결정된다.

6-3-4-2-2) LLL
세 변의 비는 알 수 있으나, 정확한 길이는 알 수 없다.

6-3-4-2-3) LSS
이 경우 조금 복잡하다.

주어진 값에 따라 다음 세 가지 중 하나이다.
a. 존재하지 않는 경우
b. 1가지로 결정되는 경우
c. 2가지로 결정되는 경우

6-4) 정현 법칙(sine law)

삼각형 ABC에서
다음 공식을 정현 법칙(sine law)이라고 한다.
$$\frac{a}{\sin A}=\frac{b}{\sin B}=\frac{c}{\sin C}=2R$$
위 식에서 R은 삼각형 ABC의 외접원의 반지름이다.

정현 법칙은 다음 3가지의 경우 이용된다.
1)   LLL
- 세 개의 각의 크기를 아는 경우
2)   LLS
- 두 개의 각의 크기와 한 변의 길이를 아는 경우
3)   LSS
- 두 변과 사잇각이 아닌 한 각을 아는 경우
이 3가지 경우를 알아보자.

6-4-1) LLL
세 개의 각의 크기를 아는 경우이다.

이 경우 세 변의 길이를 정확히 알 수는 없고 세 변의 길이의 비를 $a:b:c = \sin A : \sin B : \sin C$에서 구할 수 있다.

계산 문제 6-8)
직각 삼각형

$A = \dfrac{\pi}{2}$이고 ∠B와 ∠C가 다음과 같을 때

세 변의 길이의 비 a : b : c 를 구하시오

1) $B = \dfrac{5}{12}\pi, \quad C = \dfrac{\pi}{12}$

2) $B = \dfrac{\pi}{3}, \quad C = \dfrac{\pi}{6}$

3) $B = \dfrac{\pi}{4}, \quad C = \dfrac{\pi}{4}$

계산 문제 6-9)
예각 삼각형

∠A, ∠B와 ∠C가 다음과 같을 때 세 변의 길이의 비 a : b : c 를 구하시오

1) $A = \dfrac{5}{12}\pi, \quad B = \dfrac{5}{12}\pi, \quad C = \dfrac{\pi}{6}$

2) $A = \dfrac{5}{12}\pi, \quad B = \dfrac{\pi}{3}, \quad C = \dfrac{\pi}{4}$

3) $A = \dfrac{\pi}{3}, \quad B = \dfrac{\pi}{3}, \quad C = \dfrac{\pi}{3}$

계산 문제 6-10)
둔각 삼각형

∠A, ∠B와 ∠C가 다음과 같을 때 세 변의 길이의 비 a : b : c를 구하시오

1) $A = \dfrac{5}{6}\pi$, $B = \dfrac{\pi}{12}$, $C = \dfrac{\pi}{12}$

2) $A = \dfrac{3}{4}\pi$, $B = \dfrac{\pi}{6}$, $C = \dfrac{\pi}{12}$

3) $A = \dfrac{2}{3}\pi$, $B = \dfrac{\pi}{4}$, $C = \dfrac{\pi}{12}$

4) $A = \dfrac{2}{3}\pi$, $B = \dfrac{\pi}{6}$, $C = \dfrac{\pi}{6}$

5) $A = \dfrac{7}{12}\pi$, $B = \dfrac{\pi}{3}$, $C = \dfrac{\pi}{12}$

6) $A = \dfrac{7}{12}\pi$, $B = \dfrac{\pi}{4}$, $C = \dfrac{\pi}{6}$

6-4-2) LLS

두 개의 각의 크기와 한 변의 길이를 아는 경우이다.
이 경우 나머지 3가지 요소의 값 - 나머지 한 개의 각의 크기와 두 개의 변의 길이- 을 구할 수 있으며 1가지로 정해진다.
예를 들어, 삼각형 ABC에서 a, ∠A, ∠B가 주어진 경우 나머지 값들은 다음 식들에 의해서 구할 수 있다.

1)   ∠C = π - (A + B)

2) $b = \dfrac{\sin A}{\sin B} a$

c) $\quad c = \dfrac{\sin A}{\sin C} a$

참고)
물론
$a = \dfrac{\sin B}{\sin A} b$ 와 $a = \dfrac{\sin C}{\sin A} c$ 도 성립한다.

계산 문제 6-11)
직각 삼각형

$a = 10$, $\angle A = \dfrac{\pi}{2}$ 이고 $\angle B$가 다음과 같을 때 b, c와 $\angle C$를 구하시오.

1) $\quad B = \dfrac{5}{12}\pi$

2) $\quad B = \dfrac{\pi}{3}$

3) $\quad B = \dfrac{\pi}{4}$

계산 문제 6-12)
예각 삼각형

$a = 10$이고 $\angle A$, $\angle B$가 다음과 같을 때 b, c와 $\angle C$를 구하시오.

1) $\quad A = \dfrac{5}{12}\pi, \quad B = \dfrac{5}{12}\pi$

2) $\quad A = \dfrac{5}{12}\pi, \quad B = \dfrac{\pi}{3}$

3) $\quad A = \dfrac{\pi}{3}, \quad B = \dfrac{\pi}{3}$

계산 문제 6-13)
둔각 삼각형

$a=10$이고 ∠A, ∠B가 다음과 같을 때 b,c와 ∠C를 구하시오.

1) $A=\dfrac{5}{6}\pi,$ $\qquad B=\dfrac{\pi}{12}$

2) $A=\dfrac{3}{4}\pi,$ $\qquad B=\dfrac{\pi}{6}$

3) $A=\dfrac{2}{3}\pi,$ $\qquad B=\dfrac{\pi}{4}$

4) $A=\dfrac{2}{3}\pi,$ $\qquad B=\dfrac{\pi}{6}$

5) $A=\dfrac{7}{12}\pi,$ $\quad B=\dfrac{\pi}{3}$

6) $A=\dfrac{7}{12}\pi,$ $\quad B=\dfrac{\pi}{4}$

6-4-3) LSS

두 변과 사잇각이 아닌 한 각을 아는 경우이다.
이 경우는 복잡한데 다음 3가지 경우가 존재한다.

a. 주어진 조건을 만족하는 삼각형이 존재하지 않는 경우
b. 주어진 조건을 만족하는 삼각형이 1가지로 결정되는 경우
c. 주어진 조건을 만족하는 삼각형이 2가지로 결정되는 경우

예를 들어
삼각형 ABC에서 a, b, ∠A가 주어진 경우를 알아보자.
$\sin B = \dfrac{b}{a}\sin A$에 의해서 $\sin B$를 구할 수 있고, ∠B도 구할 수 있다.

그런데 주의해야 할 사항이 두 가지 있다.

a. $\sin B = \dfrac{b}{a} sinA > 1$인 경우 근이 없다.

b.   방정식 $\sin B = \dfrac{b}{a} sinA$의 근이 $B = \beta (0 < \beta < \dfrac{\pi}{2})$라 하면 $\pi - \beta$도 $\sin B = \dfrac{b}{a} sinA$의 근이 된다.

계산 문제 6-14)

$\sin B = \dfrac{1}{2}$이고 $0 < B < \pi$일 때

1)   만족하는 값을 구하시오.
2)   만족하는 값은 몇 개인가?

계산 문제 6-15)

$\sin B = \dfrac{\sqrt{2}}{2}$이고 $0 < B < \pi$일 때

1)   만족하는 값을 구하시오.
2)   만족하는 값은 몇 개인가?

계산 문제 6-16)

$\sin B = \dfrac{\sqrt{3}}{2}$이고 $0 < B < \pi$일 때

1)   만족하는 값을 구하시오.
2)   만족하는 값은 몇 개인가?

계산 문제 6-17)

a=1, b=1이고 ∠A가 다음과 같을 때 c와 ∠B, ∠C를 구하시오.

1) $A = \dfrac{\pi}{12}$ 2) $A = \dfrac{\pi}{6}$

3) $A = \dfrac{\pi}{4}$ 4) $A = \dfrac{\pi}{3}$

5) $A = \dfrac{5}{12}\pi$ 6) $A = \dfrac{\pi}{2}$

7) $A = \dfrac{7}{12}\pi$ 8) $A = \dfrac{2}{3}\pi$

9) $A = \dfrac{3}{4}\pi$ 10) $A = \dfrac{5}{6}\pi$

11) $A = \dfrac{11}{12}\pi$

계산 문제 6-18)

a=1, b=$\sqrt{2}$ 이고 ∠A가 다음과 같을 때 c와 ∠B, ∠C를 구하시오.

1) $A = \dfrac{\pi}{12}$ 2) $A = \dfrac{\pi}{6}$

3) $A = \dfrac{\pi}{4}$ 4) $A = \dfrac{\pi}{3}$

5) $A = \dfrac{5}{12}\pi$ 6) $A = \dfrac{\pi}{2}$

7) $A = \dfrac{7}{12}\pi$ 8) $A = \dfrac{2}{3}\pi$

9) $A = \dfrac{3}{4}\pi$ 10) $A = \dfrac{5}{6}\pi$

11) $A = \dfrac{11}{12}\pi$

계산 문제 6-19)

a=1, b=2이고 ∠A가 다음과 같을 때 c와 ∠B, ∠C를 구하시오.

1) $A = \dfrac{\pi}{12}$ 2) $A = \dfrac{\pi}{6}$

3) $A = \dfrac{\pi}{4}$ 4) $A = \dfrac{\pi}{3}$

5) $A = \dfrac{5}{12}\pi$ 6) $A = \dfrac{\pi}{2}$

7) $A = \dfrac{7}{12}\pi$ 8) $A = \dfrac{2}{3}\pi$

9) $A = \dfrac{3}{4}\pi$ 10) $A = \dfrac{5}{6}\pi$

11) $A = \dfrac{11}{12}\pi$

계산 문제 6-20)

a=$\sqrt{3}$, b=2이고 ∠A가 다음과 같을 때 c와 ∠B, ∠C를 구하시오.

1) $A = \dfrac{\pi}{12}$ 2) $A = \dfrac{\pi}{6}$

3) $A = \dfrac{\pi}{4}$ 4) $A = \dfrac{\pi}{3}$

5) $A = \dfrac{5}{12}\pi$ 6) $A = \dfrac{\pi}{2}$

7) $A = \dfrac{7}{12}\pi$ 8) $A = \dfrac{2}{3}\pi$

9) $A = \dfrac{3}{4}\pi$ 10) $A = \dfrac{5}{6}\pi$

11) $A = \dfrac{11}{12}\pi$

6-5) 제2여현 법칙(second cosine law)

삼각형 ABC에서 제2여현 법칙은 다음 2가지가 있다

1) 변의 길이를 구하는 경우
$$a^2 = b^2 + c^2 - 2bc \cos A$$
$$b^2 = c^2 + a^2 - 2ca \cos B$$
$$c^2 = a^2 + b^2 - 2ab \cos C$$

2) 각의 크기를 구하는 경우
$$\cos A = \frac{b^2 + c^2 - a^2}{2bc}$$
$$\cos B = \frac{c^2 + a^2 - b^2}{2ca}$$
$$\cos C = \frac{a^2 + b^2 - c^2}{2ab}$$

제2여현 법칙은 다음 2가지의 경우 이용된다.
1)　　LSS - 두 변과 사잇각을 아는 경우
　　　'1)변의 길이를 구하는 경우'를 이용하면 된다.
2)　　SSS - 세 변의 길이를 아는 경우
　　　'2)각의 크기를 구하는 경우'를 이용하면 된다.

이 2가지 경우를 알아보자.

6-5-1)

LSS - 두 변과 사잇각을 아는 경우

이 경우 제2정현 공식 중 '1) 변의 길이를 구하는 경우'를 이용하면 된다. 이 공식들은 다음과 같다.

$a^2 = b^2 + c^2 - 2bc \cos A$
$b^2 = c^2 + a^2 - 2ca \cos B$
$c^2 = a^2 + b^2 - 2ab \cos C$

계산 문제 6-21)

a=1, b=1이고 ∠C가 다음과 같을 때 c와 ∠A, ∠B를 구하시오.

1) $C = \dfrac{\pi}{12}$ 2) $C = \dfrac{\pi}{6}$

3) $C = \dfrac{\pi}{4}$ 4) $C = \dfrac{\pi}{3}$

5) $C = \dfrac{5}{12}\pi$ 6) $C = \dfrac{\pi}{2}$

7) $C = \dfrac{7}{12}\pi$ 8) $C = \dfrac{2}{3}\pi$

9) $C = \dfrac{3}{4}\pi$ 10) $C = \dfrac{5}{6}\pi$

11) $C = \dfrac{11}{12}\pi$

계산 문제 6-22)

a=1, b=$\sqrt{2}$이고 ∠C가 다음과 같을 때 c와 ∠A, ∠B를 구하시오.

1) $C = \dfrac{\pi}{12}$ 2) $C = \dfrac{\pi}{6}$

3) $C = \dfrac{\pi}{4}$ 4) $C = \dfrac{\pi}{3}$

5) $C = \dfrac{5}{12}\pi$ 6) $C = \dfrac{\pi}{2}$

7) $C = \dfrac{7}{12}\pi$ 8) $C = \dfrac{2}{3}\pi$

9) $C = \dfrac{3}{4}\pi$ 10) $C = \dfrac{5}{6}\pi$

11) $C = \dfrac{11}{12}\pi$

계산 문제 6-23)

a=1, b=2이고 ∠C가 다음과 같을 때 c와 ∠A, ∠B를 구하시오.

1) $C = \dfrac{\pi}{12}$ 2) $C = \dfrac{\pi}{6}$

3) $C = \dfrac{\pi}{4}$ 4) $C = \dfrac{\pi}{3}$

5) $C = \dfrac{5}{12}\pi$ 6) $C = \dfrac{\pi}{2}$

7) $C = \dfrac{7}{12}\pi$ 8) $C = \dfrac{2}{3}\pi$

9) $C = \dfrac{3}{4}\pi$ 10) $C = \dfrac{5}{6}\pi$

11) $C = \dfrac{11}{12}\pi$

계산 문제 6-24)

a=$\sqrt{3}$, b=2이고 ∠C가 다음과 같을 때 c와 ∠A, ∠B를 구하시오.

1) $C = \dfrac{\pi}{12}$ 2) $C = \dfrac{\pi}{6}$

3) $C = \dfrac{\pi}{4}$ 4) $C = \dfrac{\pi}{3}$

5) $C = \dfrac{5}{12}\pi$ 6) $C = \dfrac{\pi}{2}$

7) $C = \dfrac{7}{12}\pi$ 8) $C = \dfrac{2}{3}\pi$

9) $C = \dfrac{3}{4}\pi$ 10) $C = \dfrac{5}{6}\pi$

11) $C = \dfrac{11}{12}\pi$

6-5-2)

SSS - 세 변의 길이를 아는 경우

이 경우 제2정현 공식 중 '2) 각의 크기를 구하는 경우'를 이용하면 된다. 이 공식들은 다음과 같다.

$$\cos A = \frac{b^2 + c^2 - a^2}{2bc}$$

$$\cos B = \frac{c^2 + a^2 - b^2}{2ca}$$

$$\cos C = \frac{a^2 + b^2 - c^2}{2ab}$$

계산 문제 6-25)

직각 삼각형

삼각형 ABC에서 a,b,c가 다음과 같을 때, ∠A, ∠B, ∠C를 구하시오.

1) $a = 2$, $b = \sqrt{3}$, $c = 1$
2) $a = \sqrt{2}$, $b = 1$, $c = 1$
3) $a = 4$, $b = \sqrt{6} + \sqrt{2}$, $c = \sqrt{6} - \sqrt{2}$

계산 문제 6-26)
예각 삼각형

삼각형 ABC에서 a,b,c가 다음과 같을 때, ∠A, ∠B, ∠C를 구하시오.

1) $a=1$, $b=1$, $c=\dfrac{\sqrt{6}+\sqrt{2}}{2}$

2) $a=\dfrac{\sqrt{6}+\sqrt{2}}{2}$, $b=\sqrt{3}$, $c=\sqrt{2}$

3) $a=1$, $b=1$, $c=1$

계산 문제 6-27)
둔각 삼각형

삼각형 ABC에서 a,b,c가 다음과 같을 때, ∠A, ∠B, ∠C를 구하시오.

1) $a=\dfrac{\sqrt{6}+\sqrt{2}}{2}$, $b=1$, $c=1$

2) $a=\sqrt{2}$, $b=1$, $c=\dfrac{\sqrt{6}-\sqrt{2}}{2}$

3) $a=\sqrt{6}$, $b=2$, $c=\sqrt{3}-1$

4) $a=\sqrt{3}$, $b=1$, $c=1$

5) $a=\sqrt{6}+\sqrt{2}$, $b=2\sqrt{3}$, $c=\sqrt{6}-\sqrt{2}$

6) $a=\dfrac{\sqrt{6}+\sqrt{2}}{2}$, $b=\sqrt{2}$, $c=1$

증명 문제 6-1)
헤론의 공식을 증명하시오.

헤론의 공식은 △ABC에서 세 변의 길이 a,b,c를 알 때 삼각형의 면적 $S = \sqrt{s(s-a)(s-b)(s-c)}$ 라는 것이다.
여기서 $s = \dfrac{a+b+c}{2}$

참고)
1) 삼각형의 넓이 구하는 두 번째 공식 이용
2) $\sin\theta = \sqrt{1-\cos^2\theta}$ 이용
   (일반적으로는 $\sin\theta < 0$일 수도 있으나 삼각형의 넓이 구할 때 $0 < \theta < \pi$이므로 θ가 삼각형의 내각일 때 $\sin\theta > 0$)
3) $1-\cos^2\theta$ 인수 분해
4) 제2여현 법칙 이용

제6장 삼각형(triangle) – 공식 문제

공식 문제 6-1)
삼각형 DEF에서 다음을 보통 어떻게 나타내는가?
1)　　　변 DE
2)　　　변 EF
3)　　　변 FD

공식 문제 6-2)
삼각형 DEF에서 삼각형의 6요소는 무엇인가?

공식 문제 6-3)
삼각형의 세 각의 합은 몇 [rad]인가?

공식 문제 6-4)
삼각형의 세 각의 합은 몇 도인가?

공식 문제 6-5)
삼각형의 두 각이 주어지면 나머지 한 각은 어떻게 구하는가?

공식 문제 6-6)
삼각형의 최대각의 크기에 따라 다음과 같이 3가지로 분류할 수 있다. 최대각은 어떤 값인가?
1) 직각 삼각형
2) 예각 삼각형
3) 둔각 삼각형

공식 문제 6-7)

삼각형의 최대각의 크기에 따라 다음과 같이 3가지로 분류할 수 있다. 다음 경우 무슨 삼각형이라고 하나?

1) 최댓각이 $\dfrac{\pi}{2}$ 인 경우

2) 최댓각이 $\dfrac{\pi}{2}$ 보다 작은 경우

3) 최댓각이 $\dfrac{\pi}{2}$ 보다 큰 경우

공식 문제 6-8)

삼각형 ABC에서 최대각이 A라고 한다.
다음 3가지 경우 부등호를 쓰시오.

1) 직각삼각형   A $\dfrac{\pi}{2}$

2) 예각삼각형   A $\dfrac{\pi}{2}$

3) 둔각삼각형   A $\dfrac{\pi}{2}$

공식 문제 6-9)

삼각형 ABC에서 $\theta = \dfrac{\pi}{12}$ 라 하고 $A = A'\theta$, $B = B'\theta$, $C = C'\theta$
(여기서 A', B', C' 는 자연수)인 경우 $A' + B' + C'$ 는 얼마인가?

공식 문제 6-10)

삼각형의 세 각이 전부 $\dfrac{\pi}{12}$ 의 배수로 되는 경우는 전부 몇 가지인가?

공식 문제 6-11)

직각 삼각형의 세 각이 전부 $\frac{\pi}{12}$의 배수로 되는 경우는 전부 몇 가지인가?

공식 문제 6-12)

예각 삼각형의 세 각이 전부 $\frac{\pi}{12}$의 배수로 되는 경우는 전부 몇 가지인가?

공식 문제 6-13)

둔각 삼각형의 세 각이 전부 $\frac{\pi}{12}$의 배수로 되는 경우는 전부 몇 가지인가?

공식 문제 6-14)

가장 긴 변의 길이는 다른 두 변의 길이의 a보다 b

a.

b.

공식 문제 6-15)

삼각형 ABC의 세 변 a, b, c 중 가장 긴 변이 a일 때 다음 부등호를 쓰시오.

1) a b
2) a c
3) a $b+c$

공식 문제 6-16)
본서에서 제시한 삼각형의 넓이를 구하는 방법은 3가지이다.
무엇인지 쓰시오.
1)
2)
3)

공식 문제 6-17)
삼각형의 밑변과 높이를 알 때 그 삼각형의 넓이는 어떻게 구하는가?

공식 문제 6-18)
삼각형의 두 변과 사잇각을 알 때 그 삼각형의 넓이는 어떻게 구하는가?

공식 문제 6-19)
삼각형 ABC의 세 변의 길이 a, b, c 를 알고 있다.
$s = \dfrac{a+b+c}{2}$ 일 때
1)   삼각형의 넓이를 구하는 식을 쓰시오.
2)   누구의 공식이라고 하는가?

공식 문제 6-20)
삼각형의 해법이란 삼각형의 a개의 요소 중 b개의 요소를 알 때, c개의 요소를 구하는 것이다.
a.
b.
c.

공식 문제 6-21)
삼각형을 풀 때 주어지지 않은 다른 3가지 요소는 다음 3가지 중 1가지로 정의된다. 다음 3가지를 쓰시오.
1)
2)
3)

공식 문제 6-22)
삼각형을 풀기 위해서는 2가지 공식 중 1가지가 이용된다. 무엇인가?
1)
2)

공식 문제 6-23)
정현 법칙과 제2여현 법칙을 안다고 할 때 삼각형을 풀기 위해서는 다음 2가지를 알아야 한다. 다음 2가지은 무엇인가?
1)
2)

공식 문제 6-24)
다음 3가지 중 거의 쓰이지 않으므로 공부할 필요가 거의 없는 공식은 다음 1),2),3) 중 무엇인가?
1)   정현 법칙(sine law)
2)   제1여현 법칙(first cosine law)
3)   제2여현 법칙(second cosine law)

공식 문제 6-25)
삼각형을 풀 때 제1여현 법칙이 거의 쓰이지 않는 경우는 정현 법칙이나 제2여현 법칙에 비해 어떤 점이 안 좋기 때문인가?

공식 문제 6-26)
삼각형의 해법은 5가지로 나눌 수 있다. 무엇인지 쓰시오.
1)
2)
3)
4)
5)

공식 문제 6-27)
삼각형의 해법은 다음과 같이 5가지로 분류할 수 있다.
1)   세 각을 아는 경우(LLL)
2)   두 각과 한 변을 알 경우(LLS)
3)   두 변과 사잇각이 아닌 각을 알 경우(LSS)
4)   두 변과 사잇각을 알 경우 (SLS).
5)   세 변을 아는 경우 (SSS)

1)2)3)4)5) 중 해당되는 것을 쓰시오.
a.   정현 공식을 사용해야 하는 경우(3가지)
b.   제2 여현 공식을 사용해야 하는 경우(2가지)
c.   1가지로 결정되는 경우(3가지)
d.   세 변의 비는 알 수 있으나
     정확한 길이는 알 수 없는 경우(1가지)
e.   0~2가지인 경우(1가지)

공식 문제 6-28)
삼각형 ABC에서 외접원의 반지름이 R일 때 정현 법칙(sine law)을 쓰시오.

공식 문제 6-29)
삼각형을 풀 때 정현 법칙이 이용되는 경우는 3가지이다. 무엇인지 쓰시오.

1)

2)

3)

공식 문제 6-30)
삼각형 ABC에서 세 개의 각의 크기를 아는 경우 a. 법칙을 이용하면 이 경우 세 변의 길이를 b. 알 수는 없고 세 변의 길이의 비 $a:b:c=$ 를 c. 에서 구할 수 있다.

a.

b.

c.

공식 문제 6-31)
LLS

- 2개의 각의 크기와 한 변의 길이를 아는 경우

예를 들어
삼각형 ABC에서 a, ∠A, ∠B가 주어진 경우 다음을 구하는 식을 쓰시오.

1)   ∠C=

2) $b=$

c) $c=$

공식 문제 6-32)
LSS

두 변과 사잇각이 아닌 한 각을 아는 경우 이 경우 다음 3가지 경우가 존재한다. 3가지 경우를 쓰시오.
1)
2)
3)

공식 문제 6-33)
LSS

삼각형 ABC에서 a, b, $\angle A$가 주어진 경우 다음을 구하는 식이나 방을 쓰시오.
1) $\sin B =$
2) $\angle B$

공식 문제 6-34)
$0 < B < \pi$인 경우 다음 방정식의 근은 몇 개인가?
1) $\quad \sin B = 1.1$
2) $\quad \sin B = 1$
3) $\quad \sin B = 0.9$
4) $\quad \sin B = -0.1$

공식 문제 6-35)
$0 < B < \pi$, $0 < \alpha < 1$일 때 $\sin B = \alpha$의 근 $B = \beta$일 때 다른 한 근은 무엇인가?

공식 문제 6-36)
계산 문제 6-17~19)의 문제들이 다음 중에서 어디에 속하는지 쓰시오.
1)   주어진 조건을 만족하는 삼각형이 존재하지 않는 경우
2)   주어진 조건을 만족하는 삼각형이 1가지로 결정되는 경우
3)   주어진 조건을 만족하는 삼각형이 2가지로 결정되는 경우

공식 문제 6-37)
두 변과 사잇각이 아닌 한 각을 아는 경우(LSS)
주어진 조건을 만족하는 삼각형이 존재하지 않는 경우는 어떤 경우인가?
삼각형 ABC에서 a, b, $\angle A$가 주어진 경우를 생각하자.

공식 문제 6-38)
두 변과 사잇각이 아닌 한 각을 아는 경우(LSS)
주어진 조건을 만족하는 삼각형이 1가지로 결정되는 경우는 어떤 경우인가?

삼각형 ABC에서 a, b, $\angle A$가 주어진 경우를 생각하자.

공식 문제 6-39)
두 변과 사잇각이 아닌 한 각을 아는 경우(LSS)
주어진 조건을 만족하는 삼각형이 2가지로 결정되는 경우는 어떤 경우인가?

삼각형 ABC에서 a, b, $\angle A$가 주어진 경우를 생각하자.

공식 문제 6-40)
삼각형 ABC에서 제2여현 법칙은 다음 2가지가 있다.
이들을 전부 쓰시오.

1) 변의 길이를 구하는 경우
1-1) $a^2 =$
1-2) $b^2 =$
1-3) $c^2 =$

2) 각의 크기를 구하는 경우
2-1) $\cos A =$
2-2) $\cos B =$
2-3) $\cos C =$

공식 문제 6-41)
제2정현 법칙이 이용되는 경우는 다음 2가지이다. 어떤 경우인가?
1)
2)

공식 문제 9-42)
두 변과 사잇각을 아는 경우(LSS)
제2여현 법칙의 다음 2가지 중 어느 공식을 이용하나?
1) 변의 길이를 구하는 경우
2) 각의 크기를 구하는 경우

공식 문제 9-43)
2) SSS - 세 변의 길이를 아는 경우(SSS)
제2여현 법칙의 다음 2가지 중
어느 공식을 이용하나?
1) 변의 길이를 구하는 경우
2) 각의 크기를 구하는 경우

제7장 삼각 방정식(trigonometric equation)

7-0) 정의
삼각함수의 각의 크기를 미지수로 하는 방정식

7-1) 두 가지 해

7-1-1) 특수해(particular solution)
각에 제한이 있는 경우

7-1-2) 일반해(general solution)
각에 제한이 없는 경우

(1) $|\alpha| \leq 1$ 일 때 $\sin\theta = \alpha$의 일반해는
$\rightarrow \theta = n\pi + (-1)^n \alpha$

(2) $|\alpha| \leq 1$ 일 때 $\cos\theta = \alpha$의 일반해는
$\rightarrow \theta = 2n\pi \pm \alpha$

(3) $\tan\theta = \alpha$의 일반해는
$\rightarrow \theta = n\pi + \alpha$

계산 문제 7-1) sin 양수

$0 \leq \theta < 2\pi$일 때 다음 삼각방정식의 특수해를 구하시오.

1) $\sin\theta = \dfrac{\sqrt{6}-\sqrt{2}}{4}$

2) $\sin\theta = \dfrac{1}{2}$

3) $\sin\theta = \dfrac{\sqrt{2}}{2}$

4) $\sin\theta = \dfrac{\sqrt{3}}{2}$

5) $\sin\theta = \dfrac{\sqrt{6}+\sqrt{2}}{4}$

6) $\sin\theta = 1$

7) $\sin\theta = 0$

계산 문제 7-2) sin 음수

$0 \leq \theta < 2\pi$일 때 다음 삼각방정식의 특수해를 구하시오.

1) $\sin\theta = -\dfrac{\sqrt{6}-\sqrt{2}}{4}$

2) $\sin\theta = -\dfrac{1}{2}$

3) $\sin\theta = -\dfrac{\sqrt{2}}{2}$

4) $\sin\theta = -\dfrac{\sqrt{3}}{2}$

5) $\sin\theta = -\dfrac{\sqrt{6}+\sqrt{2}}{4}$

6) $\sin\theta = -1$

계산 문제 7-3) cos 양수

$0 \leq \theta < 2\pi$일 때 다음 삼각방정식의 특수해를 구하시오.

1) $\cos\theta = 1$

2) $\cos\theta = \dfrac{\sqrt{6}+\sqrt{2}}{2}$

3) $\cos\theta = \dfrac{\sqrt{3}}{2}$

4) $\cos\theta = \dfrac{\sqrt{2}}{2}$

5) $\cos\theta = \dfrac{1}{2}$

6) $\cos\theta = \dfrac{\sqrt{6}-\sqrt{2}}{2}$

7) $\cos\theta = 0$

계산 문제 7-4) cos 음수

$0 \leq \theta < 2\pi$일 때 다음 삼각방정식의 특수해를 구하시오.

1) $\cos\theta = -1$

2) $\cos\theta = -\dfrac{\sqrt{6}+\sqrt{2}}{2}$

3) $\cos\theta = -\dfrac{\sqrt{3}}{2}$

4) $\cos\theta = -\dfrac{\sqrt{2}}{2}$

5) $\cos\theta = -\dfrac{1}{2}$

6) $\cos\theta = -\dfrac{\sqrt{6}-\sqrt{2}}{2}$

계산 문제 7-5) tan 양수

$0 \leq \theta < \dfrac{\pi}{2}$ 또는 $\dfrac{\pi}{2} < \theta < \dfrac{3}{2}\pi$ 또는 $\dfrac{3}{2}\pi < \theta < 2\pi$일 때 다음 삼각방정식의 특수해를 구하시오.

1) $\tan\theta = 2 - \sqrt{3}$

2) $\tan\theta = \dfrac{\sqrt{3}}{3}$

3) $\tan\theta = 1$

4) $\tan\theta = \sqrt{3}$

5) $\tan\theta = 2 + \sqrt{3}$

6) $\tan\theta = 0$

계산 문제 7-6) tan 음수

$0 \leq \theta < \dfrac{\pi}{2}$ 또는 $\dfrac{\pi}{2} < \theta < \dfrac{3}{2}\pi$ 또는 $\dfrac{3}{2}\pi < \theta < 2\pi$일 때 다음 삼각방정식의 특수해를 구하시오.

1) $\tan\theta = -(2-\sqrt{3})$

2) $\tan\theta = -\dfrac{\sqrt{3}}{3}$

3) $\tan\theta = -1$

4) $\tan\theta = -\sqrt{3}$

5) $\tan\theta = -(2+\sqrt{3})$

계산 문제 7-7) sin 양수

다음 삼각방정식의 일반해를 구하시오.

1) $\sin\theta = \dfrac{\sqrt{6}-\sqrt{2}}{4}$

2) $\sin\theta = \dfrac{1}{2}$

3) $\sin\theta = \dfrac{\sqrt{2}}{2}$

4) $\sin\theta = \dfrac{\sqrt{3}}{2}$

5) $\sin\theta = \dfrac{\sqrt{6}+\sqrt{2}}{4}$

6) $\sin\theta = 1$

7) $\sin\theta = 0$

계산 문제 7-8) sin 음수
다음 삼각방정식의 일반해를 구하시오.

1) $\sin\theta = -\dfrac{\sqrt{6}-\sqrt{2}}{4}$

2) $\sin\theta = -\dfrac{1}{2}$

3) $\sin\theta = -\dfrac{\sqrt{2}}{2}$

4) $\sin\theta = -\dfrac{\sqrt{3}}{2}$

5) $\sin\theta = -\dfrac{\sqrt{6}+\sqrt{2}}{4}$

6) $\sin\theta = -1$

계산 문제 7-9) cos 양수
다음 삼각방정식의 일반해를 구하시오.

1) $\cos\theta = 1$

2) $\cos\theta = \dfrac{\sqrt{6}+\sqrt{2}}{2}$

3) $\cos\theta = \dfrac{\sqrt{3}}{2}$

4) $\cos\theta = \dfrac{\sqrt{2}}{2}$

5) $\cos\theta = \dfrac{1}{2}$

6) $\cos\theta = \dfrac{\sqrt{6}-\sqrt{2}}{2}$

7) $\cos\theta = 0$

계산 문제 7-10) cos 음수
다음 삼각방정식의 일반해를 구하시오.

1) $\cos\theta = -1$

2) $\cos\theta = -\dfrac{\sqrt{6}+\sqrt{2}}{2}$

3) $\cos\theta = -\dfrac{\sqrt{3}}{2}$

4) $\cos\theta = -\dfrac{\sqrt{2}}{2}$

5) $\cos\theta = -\dfrac{1}{2}$

6) $\cos\theta = -\dfrac{\sqrt{6}-\sqrt{2}}{2}$

계산 문제 7-11) tan 양수
다음 삼각방정식의 일반해를 구하시오.

1) $\tan\theta = 2 - \sqrt{3}$

2) $\tan\theta = \dfrac{\sqrt{3}}{3}$

3) $\tan\theta = 1$

4) $\tan\theta = \sqrt{3}$

5) $\tan\theta = 2 + \sqrt{3}$

6) $\tan\theta = 0$

계산 문제 7-12) tan 음수
다음 삼각방정식의 일반해를 구하시오.

1) $\tan\theta = -(2 - \sqrt{3})$

2) $\tan\theta = -\dfrac{\sqrt{3}}{3}$

3) $\tan\theta = -1$

4) $\tan\theta = -\sqrt{3}$

5) $\tan\theta = -(2 + \sqrt{3})$

공식 문제 7-1)
$|\alpha| \leq 1$일 때 $\sin\theta = \alpha$의 일반해는 뭐인가?

공식 문제 7-2)
$|\alpha| \leq 1$일 때 $\cos\theta = \alpha$의 일반해는 뭐인가?

공식 문제 7-3)
$\tan\theta = \alpha$의 일반해는 뭐인가?

제8장 삼각부등식(trigonometric inequality)

8-0-0) 정의
삼각함수의 각의 크기를 미지수로 하는 부등식

8-0-1) 본서의 문제
미지수에 제한이 있는 경우에 대해서만 다루기로 한다.

8-1) 정현(sin)

$\sin\theta_s = \alpha$, $\quad 0 < \theta_s < \dfrac{\pi}{2}$ 이고,

미지수 θ는 $0 < \theta < 2\pi$ 라고 하자.

8-1-1) $0 < \alpha < 1$ 일 때 $\sin\theta > \alpha$의 해는
$\theta_s < \theta < \pi - \theta_s$

8-1-2) $0 < \alpha < 1$ 일 때 $\sin\theta < \alpha$의 해는
$0 < \theta < \theta_s$ 또는 $\pi - \theta_s < \theta < 2\pi$

8-1-3) $-1 < \theta < 0$ 일 때 $\sin\theta > \alpha$의 해는
$0 < \theta < \pi + \theta_s$ 또는 $2\pi - \theta_s < \theta < 2\pi$

8-1-4) $-1 < \theta < 0$ 일 때 $\sin\theta < \alpha$의 해는
$\pi + \theta_s < \theta < 2\pi - \theta_s$

계산 문제 8-1) sin 양수1

$0 < \theta < 2\pi$일 때 다음 삼각부등식을 푸시오.

1) $\sin\theta > \dfrac{\sqrt{6}-\sqrt{2}}{4}$

2) $\sin\theta > \dfrac{1}{2}$

3) $\sin\theta > \dfrac{\sqrt{2}}{2}$

4) $\sin\theta > \dfrac{\sqrt{3}}{2}$

5) $\sin\theta > \dfrac{\sqrt{6}+\sqrt{2}}{4}$

6) $\sin\theta > 1$

7) $\sin\theta > 0$

계산 문제 8-2) sin 양수2

$0 < \theta < 2\pi$일 때 다음 삼각부등식을 푸시오.

1) $\sin\theta < \dfrac{\sqrt{6}-\sqrt{2}}{4}$

2) $\sin\theta < \dfrac{1}{2}$

3) $\sin\theta < \dfrac{\sqrt{2}}{2}$

4) $\sin\theta < \dfrac{\sqrt{3}}{2}$

5) $\sin\theta < \dfrac{\sqrt{6}+\sqrt{2}}{4}$

6) $\sin\theta < 1$

7) $\sin\theta < 0$

계산 문제 8-3) sin 음수1
$0 < \theta < 2\pi$일 때 다음 삼각부등식을 푸시오.

1) $\sin\theta > -\dfrac{\sqrt{6}-\sqrt{2}}{4}$

2) $\sin\theta > -\dfrac{1}{2}$

3) $\sin\theta > -\dfrac{\sqrt{2}}{2}$

4) $\sin\theta > -\dfrac{\sqrt{3}}{2}$

5) $\sin\theta > -\dfrac{\sqrt{6}+\sqrt{2}}{4}$

6) $\sin\theta > -1$

계산 문제 8-4) sin 음수2
$0 < \theta < 2\pi$일 때 다음 삼각부등식을 푸시오.

1) $\sin\theta < -\dfrac{\sqrt{6}-\sqrt{2}}{4}$

2) $\sin\theta < -\dfrac{1}{2}$

3) $\quad \sin\theta < -\dfrac{\sqrt{2}}{2}$

4) $\quad \sin\theta < -\dfrac{\sqrt{3}}{2}$

5) $\quad \sin\theta < -\dfrac{\sqrt{6}+\sqrt{2}}{4}$

6) $\quad \sin\theta < -1$

8-2) 여현(cos)

$\cos\theta_c = \beta, \qquad 0 < \theta_c < \dfrac{\pi}{2}$ 이고,

미지수 θ는 $0 < \theta < 2\pi$라고 하자.

8-2-1) $0 < \beta < 1$일 때 $\cos\theta > \beta$의 해는
$0 < \theta < \theta_c \qquad\qquad$ 또는 $\quad 2\pi - \theta_c < \theta < 2\pi$

8-2-2) $0 < \beta < 1$일 때 $\cos\theta < \beta$의 해는
$\theta_c < \theta < 2\pi - \theta_c$

8-2-3) $-1 < \beta < 0$일 때 $\cos\theta > \beta$의 해는
$0 < \theta < \pi - \theta_c$ 　　또는　 $\pi + \theta_c < \theta < 2\pi$

8-2-4) $-1 < \beta < 0$일 때 $\cos\theta < \beta$의 해는
$\pi - \theta_c < \theta < \pi + \theta_c$

계산 문제 8-5) cos 양수1
$0 < \theta < 2\pi$일 때 다음 삼각부등식을 푸시오.

1) $\quad \cos\theta > 1$

2) $\quad \cos\theta > \dfrac{\sqrt{6}+\sqrt{2}}{2}$

3) $\quad \cos\theta > \dfrac{\sqrt{3}}{2}$

4) $\quad \cos\theta > \dfrac{\sqrt{2}}{2}$

5) $\quad \cos\theta > \dfrac{1}{2}$

6) $\quad \cos\theta > \dfrac{\sqrt{6}-\sqrt{2}}{2}$

7) $\quad \cos\theta > 0$

계산 문제 8-6) cos 양수2
$0 < \theta < 2\pi$일 때 다음 삼각부등식을 푸시오.

1) $\quad \cos\theta < 1$

2) $\cos\theta < \dfrac{\sqrt{6}+\sqrt{2}}{2}$

3) $\cos\theta < \dfrac{\sqrt{3}}{2}$

4) $\cos\theta < \dfrac{\sqrt{2}}{2}$

5) $\cos\theta < \dfrac{1}{2}$

6) $\cos\theta < \dfrac{\sqrt{6}-\sqrt{2}}{2}$

7) $\cos\theta < 0$

계산 문제 8-7) cos 음수1

$0 < \theta < 2\pi$일 때 다음 삼각부등식을 푸시오.

1) $\cos\theta > -1$

2) $\cos\theta > -\dfrac{\sqrt{6}+\sqrt{2}}{2}$

3) $\cos\theta > -\dfrac{\sqrt{3}}{2}$

4) $\cos\theta > -\dfrac{\sqrt{2}}{2}$

5) $\cos\theta > -\dfrac{1}{2}$

6) $\cos\theta > -\dfrac{\sqrt{6}-\sqrt{2}}{2}$

계산 문제 8-8) cos 음수2

$0 < \theta < 2\pi$일 때 다음 삼각부등식을 푸시오.

1) $\quad \cos\theta < -1$

2) $\quad \cos\theta < -\dfrac{\sqrt{6}+\sqrt{2}}{2}$

3) $\quad \cos\theta < -\dfrac{\sqrt{3}}{2}$

4) $\quad \cos\theta < -\dfrac{\sqrt{2}}{2}$

5) $\quad \cos\theta < -\dfrac{1}{2}$

6) $\quad \cos\theta < -\dfrac{\sqrt{6}-\sqrt{2}}{2}$

8-3) 정접(tan)

$\tan\theta_t = \gamma, \qquad 0 < \theta_t < \dfrac{\pi}{2}$이고,

미지수 θ는 $0 < \theta < 2\pi$라고 하자.

8-3-1) $0 < \gamma < 1$일 때 $\tan\theta > \gamma$의 해는

$\theta_t < \theta < \dfrac{\pi}{2} \quad$ 또는 $\quad \pi+\theta_t < \theta < \dfrac{3}{2}\pi$

8-3-2) $0 < \gamma < 1$일 때 $\tan\theta < \gamma$의 해는

$0 < \theta < \theta_t$ 또는 $\dfrac{\pi}{2} < \theta < \pi + \theta_t$ 또는

$\dfrac{3}{2}\pi < \theta < 2\pi$

8-3-3) $-1 < \gamma < 0$일 때 $\tan\theta > \gamma$의 해는

$0 < \theta < \dfrac{\pi}{2}$ 또는 $\pi - \theta_t < \theta < \dfrac{3}{2}\pi$ 또는

$\pi + \theta_t < \theta < 2\pi$

8-3-4) $-1 < \gamma < 0$일 때 $\tan\theta < \gamma$의 해는

$\dfrac{\pi}{2} < \theta < \pi - \theta_t$ 또는 $\dfrac{3}{2}\pi < \theta < \pi + \theta_t$

계산 문제 7-9) tan 양수1

$0 < \theta < 2\pi$일 때 다음 삼각부등식을 푸시오.

1) $\quad \tan\theta > 2 - \sqrt{3}$

2) $\quad \tan\theta > \dfrac{\sqrt{3}}{3}$

3) $\quad \tan\theta > 1$

4) $\quad \tan\theta > \sqrt{3}$

5) $\quad \tan\theta > 2 + \sqrt{3}$

6) $\quad \tan\theta > 0$

계산 문제 7-10) tan 양수2
$0 < \theta < 2\pi$일 때 다음 삼각부등식을 푸시오.

1) $\quad \tan\theta < 2 - \sqrt{3}$

2) $\quad \tan\theta < \dfrac{\sqrt{3}}{3}$

3) $\quad \tan\theta < 1$

4) $\quad \tan\theta < \sqrt{3}$

5) $\quad \tan\theta < 2 + \sqrt{3}$

6) $\quad \tan\theta < 0$

계산 문제 7-11) tan 음수1
$0 < \theta < 2\pi$일 때 다음 삼각부등식을 푸시오.

1) $\quad \tan\theta > -(2 - \sqrt{3})$

2) $\quad \tan\theta > -\dfrac{\sqrt{3}}{3}$

3) $\quad \tan\theta > -1$

4) $\quad \tan\theta > -\sqrt{3}$

5) $\quad \tan\theta > -(2 + \sqrt{3})$

계산 문제 7-12) tan 음수2
$0 < \theta < 2\pi$일 때 다음 삼각부등식을 푸시오.

1) $\quad \tan\theta < -(2 - \sqrt{3})$

2) $\tan\theta < -\dfrac{\sqrt{3}}{3}$

3) $\tan\theta < -1$

4) $\tan\theta < -\sqrt{3}$

5) $\tan\theta < -(2+\sqrt{3})$

공식 문제 8-1~4)
다음 삼각부등식을 푸시오.

정현(sin)

$\sin\theta_s = \alpha, \qquad 0 < \theta_s < \dfrac{\pi}{2}$이고,
미지수 θ는 $0 < \theta < 2\pi$라고 하자.

공식 문제 8-1) $0 < \alpha < 1$일 때 $\sin\theta > \alpha$

공식 문제 8-2) $0 < \alpha < 1$일 때 $\sin\theta < \alpha$

공식 문제 8-3) $-1 < \theta < 0$일 때 $\sin\theta > \alpha$

공식 문제 8-4) $-1 < \theta < 0$일 때 $\sin\theta < \alpha$

공식 문제 8-5~8)
다음 삼각부등식을 푸시오.

여현(cos)

$\cos\theta_c = \beta, \quad 0 < \theta_c < \dfrac{\pi}{2}$ 이고,

미지수 θ는 $0 < \theta < 2\pi$라고 하자.

공식 문제 8-5) $0 < \beta < 1$일 때 $\cos\theta > \beta$

공식 문제 8-6) $0 < \beta < 1$일 때 $\cos\theta < \beta$

공식 문제 8-7) $-1 < \beta < 0$일 때 $\cos\theta > \beta$

공식 문제 8-8) $-1 < \beta < 0$일 때 $\cos\theta < \beta$

공식 문제 8-9~12)
다음 삼각부등식을 푸시오.

정접(tan)

$\tan\theta_t = \gamma, \quad 0 < \theta_t < \dfrac{\pi}{2}$ 이고,

미지수 θ는 $0 < \theta < 2\pi$라고 하자.

공식 문제 8-9) $0<\gamma<1$일 때 $\tan\theta>\gamma$

공식 문제 8-10) $0<\gamma<1$일 때 $\tan\theta<\gamma$

공식 문제 8-11) $-1<\gamma<0$일 때 $\tan\theta>\gamma$

공식 문제 8-12) $-1<\gamma<0$일 때 $\tan\theta<\gamma$

■ 참고문헌(references)

1.   서명   :   기초 공업수학
   출판사 :   에듀컨텐츠휴피아
   저자   :   김태현
   ISBN :   978-89-90045-78-2 (93530)

2.   서명   :   기초 미적분
   출판사 :   에듀컨텐츠휴피아
   저자   :   김태현
   ISBN :   978-89-6356-022-9 (93410)

알기쉬운 **삼각함수**
Trigonometric Function

저　　자	김 태 연
발 행 처	에듀컨텐츠휴피아
발 행 인	李 相 烈
발 행 일	초판 1쇄 • 2016년 5월 20일
출판등록	제22-682호 (2002년 1월 9일)
주　　소	서울 광진구 자양로 30길 79
전　　화	(02) 443-6366
팩　　스	(02) 443-6376
e-mail	huepia@daum.net
HP/Blog	http://cafe.naver.com/eduhuepia
만든사람들	기획・이의자　책임편집・김어룸 신효경　디자인・김미나　영업・이순우
정　　가	15,500원
I S B N	978-89-6356-175-2 (93410)

Copyright ⓒ 2016. 에듀컨텐츠휴피아

● 저자와의 협의로 인지는 생략합니다.
● 본 책자의 부분 혹은 전체를 에듀컨텐츠휴피아의 허락 없이 복사, 복제, 전재하는 것은 저작권법에 저촉됩니다.

■ **저자 소개** : 김태현 교수
　2016년 5월 현재, 명지전문대학 전기과 교수로 재직중